JN081045

「液状化」はまた起こる

3・11東京湾岸液状化・被災建築士の復旧記録

中野恒明

花伝社

はじめに

この本は2011年3月11日、東日本大震災の地震とともに発生した東京湾岸埋立市街地「液状化」の復旧支援に関わった建築士の備忘録集である。

これを公開する契機となったのが、筆者が所属する東京建築士会の2023（令和5）年9月の支部活動終了後の懇親の場だった。同席された士会理事の方から、都の「東京都液状化対策アドバイザー制度」（2013（平成25）年制定）が23年10月に改定され、液状化対策アドバイザー派遣が始まるとか。その委任の一機関である東京建築士会内に「液状化対策アドバイザー無料相談室」が開設されるとの話に及んだ。その仕組みは首都圏や関西の府県も採用されて、全国的にも普及するらしい。

筆者に相談された背景には、筆者の自宅が3・11の「液状化」で大きく傾いたこと、そして近隣家屋の傾斜調査とその復旧方法の情報開示に動いたことなどが、理事の記憶にあったようだ。アルコールの勢いもあり、短い時間のなかで経験談を披露したが、その場にいた仲間の方々にとっても全く知らない世界で、「その話は是非とも公開を！」との話に及んだ。これが蓄えた記録の再編につながった。

わが国の人口集積地の大多数は河川の中下流部や海岸部にあり、地下水位の高い砂礫層上に多くの家屋が建つ。とかく「液状化」問題は、土木分野の地盤工学が中心とされ、建築教育において意外と語られて来なかったことは、自らの液状化被災のなかで痛感した。あわせて建築設計者の視点での参考書も意外と少ないのではないだろうか。その意味では副読本としての意味もあるかも知れない。

本書にまとめた、被災建築士として考えた家屋の復旧プロセス、近隣支援とNPO浦安液状化復旧相談室での経験談、裁判鑑定人としての役割、「市街地液状化対策事業」の採否や変形した宅地の用地確定など、発災から十数年を要した復旧へのプロセス開示を通じ、「液状化」とは何だったのかを考える縁とされたい。ここに記載する内容は専門家だけでなく、一般市民の方々向けに、やさしい言葉遣いに徹したつもりだが、未体験の方々には理解できない部分も少なくないかもしれない。これが「液状化」の難しさなのだろう。その間に2016年の熊本地震、そして2024年元旦の能登半島地震が発生し、この影響は震源地近くだけでなく、近県にまで及んだ。筆者は後者の地震に伴う新潟市内の液状化被災地を訪れたが、その光景は2011年3月11日と酷似するものの、一方で地域特有の様相も呈していた。とはいえ地震動と砂地盤、高地下水位の存在があれば、その発生危険度は高い。その意味でも「液状化はまた起こる」のである。

本書の構成について紹介したい。

冒頭には、明治期以降の国内で発生した中大規模の地震・液状化履歴と建築基準法関連の規定の改定の経緯をまとめた年表を記載した。

第1～3章は、被災直後の数カ月間の復旧活動の際、いちはやく情報収集し、インターネット上に開示し、町内の勉強会で配布した資料が元となっている。

第4章は建物ジャッキアップのよもやま話として、筆者を勇気づけてくれたシカゴのまちごとジャッキアップ（シカゴ・リフティング）の経緯、そして国内外の地盤強化法や免震の話にも言及した。第5章では、液状化層の意外な緩衝効果を復旧を通して学習したことも記載した。前記二つの章はあくまで被災の前後の筆者の知るところを記述した点で、若干の冗長さもあるだろう。沈下修正工法に興味のある方は飛ばして、第6章を先に読まれるのも良いかも知れない。

第6章では、沈下修正の各工法の特徴と課題として筆者が自ら学習し、現場に足を運んで得た情報をまとめたが、これまで開示された情報とは異なる視点も多分に含んでいる。家屋の沈下修正をアドバイスする立場となる建築士の方には、是非ともお読みいただきたい。

第7章では、市内の復旧支援仲間や地盤工学の専門家の方も含め2年間限りで組織したNPO浦安液状化復旧相談室に言及しながら、復旧を支えたコミュニティの力・情報ネットワークの存在に触れる。

第8章は、とある訴訟支援で東京高等裁判所に提出した「鑑定書」が元となった。最後に第9章として、さまざまな軋轢からの解放へ、と題し、被災者支援の建築士という立場ながら、住民間そして行政との間に揺れ動いてきた経緯も記している。

これら大半が被災直後から書き溜めてきた記録ゆえ、重複する部分も少なくない。それも含め、被災当時の液状化被災者の置かれた状況を知る縁とされたい。

歴史が示すように、液状化は幾度も繰り返されてきた。その度に建物の復旧、すなわち水平化には往時の技術者集団が技を磨き、そこに伝統的工法が息づいていることを改めて知った。その意味では、本記録が今後再び発生するであろう大きな地震時の液状化被害を少しでも軽減されること、その一助となることを願う。事前に設計段階から織り込んでおく復旧しやすい造り、これもひとつの解かも知れない。その復旧は家屋だけでは終わらないことも読み取っていただければと期待している。

あわせて被災直後から、様々な情報提供を頂いた諸先輩方や友人たちの存在も大きかった。そして何より、復旧のために全国から参集された技術者の方々のお力で、私たちは数カ月いや数年のうちに心の休まる生活を取り戻せた。これも伝えておきたい。その経緯も含め、本記録を公開する。

２０２４年１月　筆者記す

「液状化」はまた起こる――3・11東京湾岸液状化・被災建築士の復旧記録◆目次

付表（表1）近代以降の大きな国内地震と液状化発生履歴（※印）・建築基準法等構造規定等の変遷

年（西暦／元号）	地震・災害・事件等／建築基準法等の改正
1872（明治5）年	浜田地震（Mw8.0※）
1891（明治24）年	濃尾地震（Mw8.0※）
1894（明治27）年	庄内地震（Mw7.0※）
1896（明治29）年	陸羽地震（Mw7.2※）・明治三陸地震（Mw8.2～8.5）
1905（明治38）年	芸予地震（Mw7.2※）
1914（大正3）年	秋田仙北地震（Mw7.1※）
1919（大正8）年	**市街地建築物法公布（東京を含む6大都市に適用）**
1923（大正12）年	関東大震災（Mw7.9※）／震災復興特別都市計画法
1924（大正13）年	**市街地建築物法改正（木造家屋の筋交い等耐震強化）** **都市計画法改正（全国の市町村にも適用）**
1925（大正14）年	北但馬地震（Mw6.8※）
1927（昭和2）年	北丹後地震（Mw7.3※）
1930（昭和5）年	北伊豆地震（Mw7.3※）
1933（昭和8）年	昭和三陸地震（Mw8.1）
1935（昭和10）年	静岡地震（Mw6.4）
1939（昭和14）年	男鹿地震（Mw6.8※）
1941（昭和16）年	長野県北部・長沼地震（Mw6.1）
1943（昭和19）年	東南海地震（Mw7.9※）
1945（昭和20）年	三河地震（Mw6.8※）
1946（昭和21）年	南海道地震（Mw8.0※）／戦後復興特別都市計画法
1948（昭和23）年	福井地震（Mw7.1※）／消防法
1950（昭和25）年	**建築基準法制定・木造家屋壁量規定・建築士法**
1952（昭和27）年	十勝沖地震（Mw8.2※）
1959（昭和34）年	**建築基準法改正・木造家屋壁量・土台・基礎の規定**
1963（昭和38）年	チリ地震津波
1964（昭和39）年	新潟地震（Mw7.5※）／地盤液状化被害多数発生
1966（昭和41）年	**地震保険に関する法律**
1968（昭和43）年	日向灘地震（Mw7.5※）十勝沖地震（Mw7.9※） **都市計画法（新法）**
1971（昭和46）年	**建築基準法改正・木造家屋基礎の布基礎・瓦の固定等**
1973（昭和48）年	根室半島沖地震（Mw7.9※）
1974（昭和49）年	伊豆半島沖地震（Mw6.9※）

年（西暦／元号）	災害・事件・事故／建築基準法等の改正
1977（昭和52）年	**既存建物の耐震診断基準・改修基準**
1978（昭和53）年	伊豆大島近海地震（Mw7.0※）宮城県沖地震（Mw7.4※）
1981（昭和56）年	**建築基準法改正（新耐震基準・木造家屋鉄筋入基礎等）**
1983（昭和58）年	日本海中部地震（Mw7.7※）
1984（昭和59）年	長野県西部地震（Mw6.8）
1987（昭和62）年	宮城県北部地震（Mw6.5）千葉県東方沖地震（Mw6.7※）
1993（平成5）年	釧路沖地震（Mw7.5※）北海道南西沖地震（Mw7.8※）
1994（平成6）年	北海道東方沖地震（Mw8.1※）三陸はるか沖地震（Mw7.5※）
1995（平成7）年	兵庫県南部地震（阪神・淡路大震災）（Mw7.3※） **地震防災対策特別措置法・建築物の耐震改修の促進法**
1999（平成11）年	**建築確認の民間開放、住宅品確法**
2000（平成12）年	鳥取県西部地震（Mw5.3※） **木造建築物の耐震性能強化・地耐力対応基礎構造規定**
2001（平成13）年	芸予地震（Mw6.7※）
2002（平成14）年	**東南海・南海地震に係る地震防災対策推進特別措置法**
2003（平成15）年	三陸南地震（Mw7.1）十勝沖地震（Mw8.0※）
2004（平成16）年	新潟県中越地震（Mw6.8※）
2005（平成17）年	千葉県北西部地震（Mw6.0） 耐震強度偽装事件／**既存不適格建築物規制合理化**
2007（平成19）年	新潟県中越沖地震（Mw6.8／5.8※） 能登半島地震（Mw6.9※）
2008（平成20）年	岩手・宮城内陸地震（Mw7.2※） **構造計算適合性判定制度・構造耐力規定見直し等**
2011（平成23）年	東北地方太平洋沖地震（Mw9.0※）長野北部地震（Mw6.7） 大規模液状化被害（関東地方・東北地方・長野県ほか）
2013（平成25）年	**首都直下地震対策特別措置法**
2016（平成28）年	熊本地震（Mw6.5／7.3※）
2018（平成30）年	北海道胆振東部地震（Mw6.7※）／建築物省エネ法
2021（令和3）年	千葉県北西部地震（Mw5.9）
2022（令和4）年	福島県沖地震（Mw7.4）石川県能登地方地震（Mw5.4） **令和4年改正建築基準法・改正建築物省エネ法**
2024（令和6）年	令和6年能登半島地震（Mw7.6※）

出典：地震記録データは気象庁HP報道発表資料、※液状化記録は若松加寿江著『そこで液状化が起きる理由』、『アーバンクボタ』「特集＝液状化・流動化」No.40 MARCH 2003から引用、筆者追加。太字は建築や都市計画法令制定の主なもの。国土交通省HP「地震対策に関する制度」、一般財団法人日本住宅基礎鉄筋工業会「推奨基礎仕様マニュアル・ベタ基礎編・2022年版」、国立国会図書館東日本大震災アーカイブ構築プロジェクトほか、その他に巻末記載参考文献等をもとに作成。※法関連表記は字数調整のため簡略化している

第1章　地盤液状化とその被災状況

1　3・11東北地方太平洋沖地震発生〜帰宅困難者へ

２０１１年3月11日（金）14時46分、大地震発生。筆者は大学大宮校舎（埼玉県）の１階会議室にいた。建物がガタガタと音を立て、大きな揺れが続いた。揺れが収まり、５階の研究室に階段を使って戻ったが、デスクの引き出しが跳びだしたさまは、尋常でない事態を予感させた。その後、避難場所に指定された新築引き渡し直後の大きな教室に移動した。通勤手段の鉄道は不通、帰宅困難と観念した。春季休暇中なのに１００名余りの教職員や学生たちがいただろうか、机も椅子も搬入されていない広々とした教室の床に、各自が居場所を確保した。夕刻には全員に防災備蓄用のアルミシートが配られた。寒さから身を守るための簡易なシートだが、意外と効果があった。周囲は暗くなり、学内は停電状態が続いていたことが理解できた。

月明りのなか、スマートフォンで自宅にいるカミさんに電話連絡するも通じない。通信回線がパンクしているらしい。しばらくして「おうちかたむいている」とのメッセージ――しばし呆然となった。その後も電話は通じず、ネットも途絶、何も反応がない。夜中に関西にいた次男には運よく電話が通じたが、同様に自宅とは連絡が取れないらしい。スマホも電池切れマークが出てきたが、深夜になって電気が通じ、同じ機種を持つ同僚から充電器と接続ケーブルを借りて何とかしのげた。そして、ネット復旧とともに飛び込んできたのは、衝撃的な東北地方太平洋沿岸地域を襲う巨大津波の映像だった。

その夜は一睡もできず、わが家もどのような傾きなのか、まったくの疑心暗鬼状態が続いた。その時に呼び覚まされた記憶が、かつて九州の仕事で出張した際のことだった。現地会議終了後、国の外郭団体の担当の方と地元の居酒屋での懇親の席で住まいの話をした途端、

「先生の住まわれている埋立地は、本当にトウフ（豆腐）みたいな軟らかい地盤で……地震でも起きれば、お家はひっくり返ることはなくても、多少は傾くってことはあるんじゃないですかね」

その方は港湾関係の建設会社からの出向で、若いころに一帯の埋立工事に関わり、長い堤防を築く際に構造物の重みで至るところが沈み、それを固定化するのが一苦労だったらしい。地盤が軟らかく、モグラたたきのように何処かを抑えればある部分が浮き上がり、いい塩梅に落ち着いたのが地震前の姿らしい。その基盤のうえに山土が盛られて今の市街地が出来上がったという経緯は確認できた。とは言え、自宅を新築する際には地盤調査の一種の平板載荷試験を行い、その地耐力は確認済みだったのだが……。自宅から20ｍほど海側にある半世紀前に築造

された長大な第一期埋立ての旧堤防が重さで沈下して引きずられたのだろうか、との疑念も湧いた。

翌朝を迎えたが、洗面道具も着替えも無い。スマホのネット接続からは、JR宇都宮線の復旧情報は得られなかったが、JR高崎線の電車が先に動き出すらしい。最寄りの駅を探すと、同線宮原駅まで約5㎞と検索できた。一刻も早く帰宅すべく、同僚・学生に声掛けし、計5人でその道のりを徒歩で向かうことに決めた。スマホの地図アプリを頼りに大学校舎を後にしたとき、時計は午前7時30分を示していた。

2　東京湾岸・埋立「液状化」地帯

移動途中で次男からスマホに写真が3点送られてきた。近所の同級生仲間にメール連絡し、撮影して貰えたらしい。

自宅の前の道に水と砂が溜まり、そこに車の轍の痕が

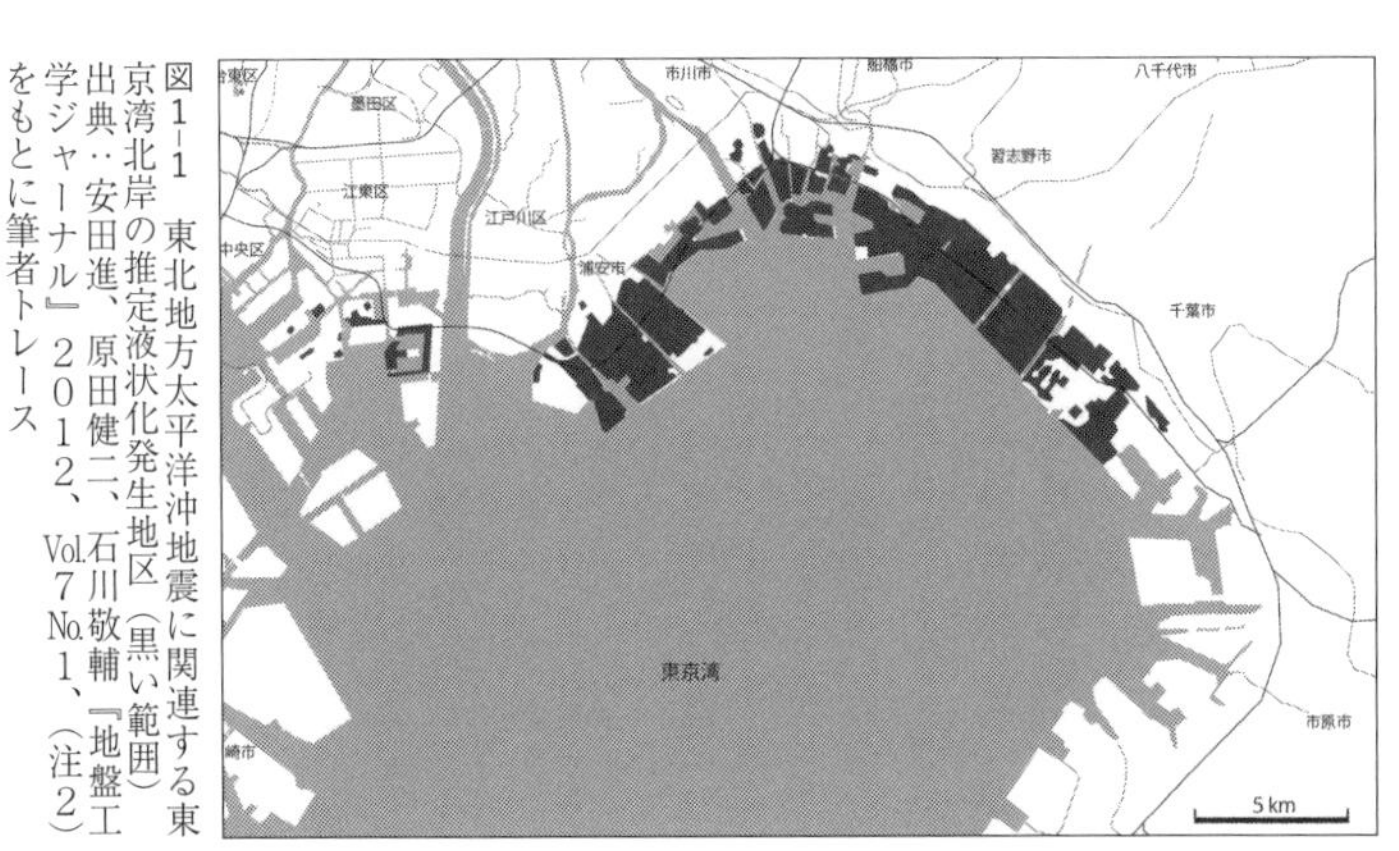

図1-1　東北地方太平洋沖地震に関連する東京湾北岸の推定液状化発生地区（黒い範囲）
出典：安田進、原田健二、石川敬輔『地盤工学ジャーナル』２０１２、Vol.７ No.１、（注２）をもとに筆者トレース

見える。すぐさま「液状化！」を悟る。一緒に届いた駅前広場の画像にも、溜まった噴砂と路面の割れが読み取れた。家が傾いたのも建物基礎下部の埋立砂層が液状化で地上に噴出し、不等沈下を起こしたのだろう。当初設計はコンクリート製節杭を予定していたが、地盤調査の結果が良好で構造家と相談して省略した。それがこの結果を招いたのか……と後悔の念が頭をよぎった。

しばらく歩くと、これまた都内で同じく帰宅困難者になった長男とも通話連絡が取れ、勤め先から自宅まで12㎞を3時間かけて徒歩で帰る途中だった。先に帰って状況を知らせるように指示ができた。ＪＲ高崎線に向かう道すがら埼玉高速鉄道の高架を見かけて同行者に相談のうえ、至近の加茂宮駅に立ち寄った。同駅の駅員さんに聞くと、運転再開し、もうすぐＪＲ大宮駅行きの電車が到着するとの報、急ぎ改札口を通り高架ホームに移動した。程なくして電車に乗れ、5分ばかりで大宮駅に着く。しかし駅構内通路も人の波、密集状態で、京浜東北線ホームに辿り着くことができない。そこは南行きの東京駅方面への始発ホームだが、人の波に押されつつ、2本見送り、結局3本目に何とか乗車できた。車内も超満員で吊皮につかまるのが精いっぱい。電車は走るも、各駅ホームには大勢の積み残しで、遅々として進まない。

その移動のさなか、アメリカ・フィラデルフィアにいる長女から、フクシマが大変、放射能から身を守るために屋内に避難して、と何度かスマホに悲鳴のようなメールが届く。電車は超満員で身動きとれず、どうも海外ではこちらの原発放射能漏れ情報で大騒ぎしているらしい。

写真1-1　次男から送られてきた自宅前の道路の液状化噴出物と車の轍痕（2011.3.12 早朝）

写真1-2　同じく送られてきた被災翌朝の駅前広場内の液状化噴砂痕と路面クラック（2011.3.12 早朝）

東京駅に着く。ＪＲ京葉線は不通だが、東京メトロ東西線は動いているらしい。まずは同線の浦安駅まで向かうことにし、メトロ大手町駅地下通路に向かったが、そこで埼玉県内で大学教員をしている市内に住む友人と遭遇した。ともに10年前に『まちづくりがわかる本――浦安のまちづくりを読む』[注2]を共同執筆し、その中で「液状化」の話も記述していた。その出版のきっかけとなったのは、これも30年近く前に地元のまちづくりに興味を抱く仲間たちと始めた「街人（まちうど）の広場」という名の隔月開催の週末夕方の勉強会兼交流会である。何回か重ねるうち、後に出版グループの代表者となるその方が、中学生向けのまちづくり読本を作ろうと提案され、その賛同者による「浦安まちブックをつくる会」が発足し、そして2～3年がかりでその本が出版に至った。それは出版年に「日本都市計画学会・石川奨励賞」を受賞した。その団体名と代表者名はいまも学会ＨＰの受賞記録に掲載されている。

大手町駅から乗ったメトロの電車も満員状態のなかで、なんとか長男にメールが通じ、すでに自宅に到着との連絡が入った。近くの道路は、車はどうにか通れるらしい。メトロ東西線浦安駅まで車で迎えに来るように依頼できた。改札を出るやほどなく車が到着、友人宅を経由して自宅に戻れたのが12時30分頃、50㎞余りの距離で帰宅は夜になると覚悟していたが、運よく5時間で帰れたことになる。

駅から車で移動し、埋立地を区切る広幅員の湾岸道路（国道３５７号線）を越えると、風景

写真1－3　区画道路に噴き出して溜まった砂泥（2011.3.12午後撮影）

写真1－4　液状化被災地区の区画道路の路面の割れ目。ここは被害の少ない箇所とも言える（2011.3.12午後撮影）

は一変した。車中から見えるまち全体の空気が白っぽく異様な光景となった。電柱や街路灯は軒並み傾き、信号機も警察官の手信号状態だが、走る車も少ない。車道端には各所に噴出砂泥、路面のクラック・段差があり、ブロック舗装はガタガタで、いたるところに泥水の噴出痕が見えた。

自宅近くの戸建て住宅群は軒並み傾き、それも海側・山側へと列をなすように一定方向に傾いていた。道路面には液状化の水の引いた砂泥が溜まり、近所の方々が道に出てスコップで片づけをされ、車1台分の通行幅だけはどうにか確保できていた。ところどころに地中から水道水が噴出していた。管の継ぎ目が裂けたのだろう。

自宅は南東・海側方向に見事に傾斜していた。南隣の家は逆に北西・山側に、つまり自宅と隣家は逆方向で拝む形に背割り境界側に傾き、自宅の2階の軒と隣の1階軒先とが運よく高さが異なり衝突は避けられたようだ。自宅に入ると一瞬で目が眩んだ。床が大きく傾斜していることを確認、ゴルフボールを転がすと勢いよく走りだした。外に出ると、敷地内の建物周囲には噴砂が溜まり、車庫部分（屋外）は泥水状態だった。近くの旧堤防沿いの電柱は軒並み傾いていた。

電気も水道も途絶状態で、道路内の下水管が詰まっているらしく、自治会役員さんが被災当日の夕方には各軒に使用中止を伝えられたと聞く。幸い自宅の太陽光発電につないだ非常用のコンセントからスマホへの充電が可能だった。まだ大学に残られていた学部長宛のメールで

「私の自宅周辺はまさに被災地状態です……」との連絡記録がしばらくの間残っていた。

昼食をカミさんがどうやって調理をしたのか憶えていないが、あとで聞くと断水で近くの小学校まで空の給水タンクに水を貰いに行ったものの、そこは長蛇の列だったという。市内の断水区域に都内や近県の地域から多くの給水車が駆け付け、救援に来てくれたとのこと、感謝の言葉しかない。火は備えていた携帯ガスボンベを用いたらしい。調理には鍋を使ったが、容器は紙皿、紙コップ、いずれも非常時の備えが役立った。鍋や箸の洗浄水も貴重な配給水を工夫して節約してくれていた。

翌朝には周囲の電気は回復したようだが、自宅は断絶状態。それは何ゆえなのか判らぬまま、昼食を摂る。そこで配電盤を確認しようとした矢先、運よく外を電気工事関係者らしき方が通りかかる。声を掛けたところ、点検してもらえた。盤の回路を全て落とし、一回路ずつ通電確認で、一系統がショートしていることが判明、隣家側に置いた床置き式ガス給湯器に噴出水が大溜まっていた。その回路を落とし、冷蔵庫が20時間ぶりに稼働した。氷が解凍しているも、大量の収納物のお陰で冷気が残っていたのは実に有り難かった。外周に張り巡らされた断熱材がそれなりの効果を発揮したのと、カミさんが開け閉めを最小限に留めたことも功を奏したようだ。

気を取り直して周囲の被害状況を目視したが、目の前に道路のアスファルト舗装には亀裂が入り、至るところに砂泥の噴出痕が残る。カミさんは最初の地震時には車を運転中で、揺れのなかで自宅に辿り着けたという。駐車した直後に各所から水が噴き出したのを目撃したと語っていた。その高さは1m近くもあったらしい。後に、最初の地震から30分後に発生した余震で液状化被害が一気に拡大したことが判明する。

まずは自宅の傾斜状況を計測することとした。隣市にあるDIYショップならば置いてあると確信し、すぐさま自宅の車の状況を確認して運転した。車も足元廻りの汚れ程度で、自宅廻りは市内の埋立市街地の中では噴砂量が少なかったことも幸運した。途中の国道は何もなかったかのような世界で、お店に辿り着き、レーザー付きの水準器を購入できた。

自宅に戻り、水準器の水平を保つために挟む本や鉛筆などを試すなか、割り箸で微妙な調整ができることを発見した。割り箸を2つに割り、片面を反転して重ねて移動させることで平行を保ちつつ、微妙な寸法調整を行なう。それに手持ちのコンベックススケールを組み合わせる単純な傾斜測定法である。自宅1階の居間で水準器のレーザー光を水平に当て、建物のそのX方向とY方向の距離とZすなわち高さを測定し、それを家屋の1階平面図と照合し、その四隅の沈下量をスマホの電卓機能で計算する。最大傾斜度はその直交するベクトル方向の値を合算する。それによって算出された計測値は、勾配3・33%、傾斜角はちょうど2度、最大沈下量40㎝であった。

数字を並べられてもピンとこない方も多いだろう。東京の原宿表参道は縦断勾配が概ね3・6%だったと記憶するが、それより若干緩やかだった。とはいえ、本来水平であるべき床面が大きく傾斜したことには変わりない。参考までに坂道で知られる東京・渋谷の宮益坂と道玄坂が勾配5・2%前後で、坂の名がつく道は一般的には5%以上という説もある。後に確認すると市内の最大傾斜家屋は5%以上を記録し、それは全壊認定となった。筆者宅は大規模半壊の認定となった。

　これだけの傾斜であったが、あの揺れのなかで食器棚も本棚も何も倒れず、しかも棚からは何も落下していない。これは後述するが、傾斜の有無を問わず、調査を依頼された家屋すべてで共通した現象でもある。むしろ杭支持構造の中高層住宅の方が家財被害は著しかったらしい。

　自宅の傾斜確認の後、隣のご主人に電話して被害状況を確認し合う。計測結果をお伝えすると、すぐさま隣宅の調査を依頼される。レーザー水準器、コンベックススケール、割り箸の

X方向　0.27　%
Y方向　3.32　%

		X0	X1	X2	X3	X4	X5	X6	X7	X8	X9	X10	X11	X12	X13
		0.9	0.8	0.9	1.1	0.9	0.9	0.9	1	0.9	1.1	0.9	0.9	0.9	0.9
Y 12	1.2	40.31	40.07	39.86	39.62	38.40	38.16	37.92	37.66	37.42	37.12	36.88	36.64	36.40	36.16
Y 11	0.9	36.42	36.18		35.72				33.88			33.10			32.38
Y 10	1.2	33.43	33.19		32.74				30.98			30.21			29.49
Y 9	0.9	29.54	29.30		28.84				27.20	26.96	26.67	26.43	26.19	25.95	25.71
Y 8	1	26.55	26.31		25.86				24.31						
Y 7	1.3	23.23	22.99	22.78	22.54	21.84	21.60	21.36	21.09						
Y 6	1				18.23				16.91						
Y 5	1				14.91				13.70						
Y 4	1				11.60				10.48						
Y 3	0.3				8.28				7.26						
Y 2	1				7.20				6.22						
Y 1	0.9				3.97	3.73	3.49	3.25	2.98						
Y 0					0.99	0.75	0.51	0.27	0.00						

※保管されている平面図を照合し、エクセル上で各交点の沈下量を表した図。この家はX方向が0・27%、Y方向が3・32%、合成勾配が3・33%と判定した。このような作業を週末に行うことが日課となった。この計測データは地震保険適用の際、状況写真とともに判定の基礎資料となった

図1-2　被災翌日から行った家屋のXY方向の計測データ（レーザー水準器使用）の一例

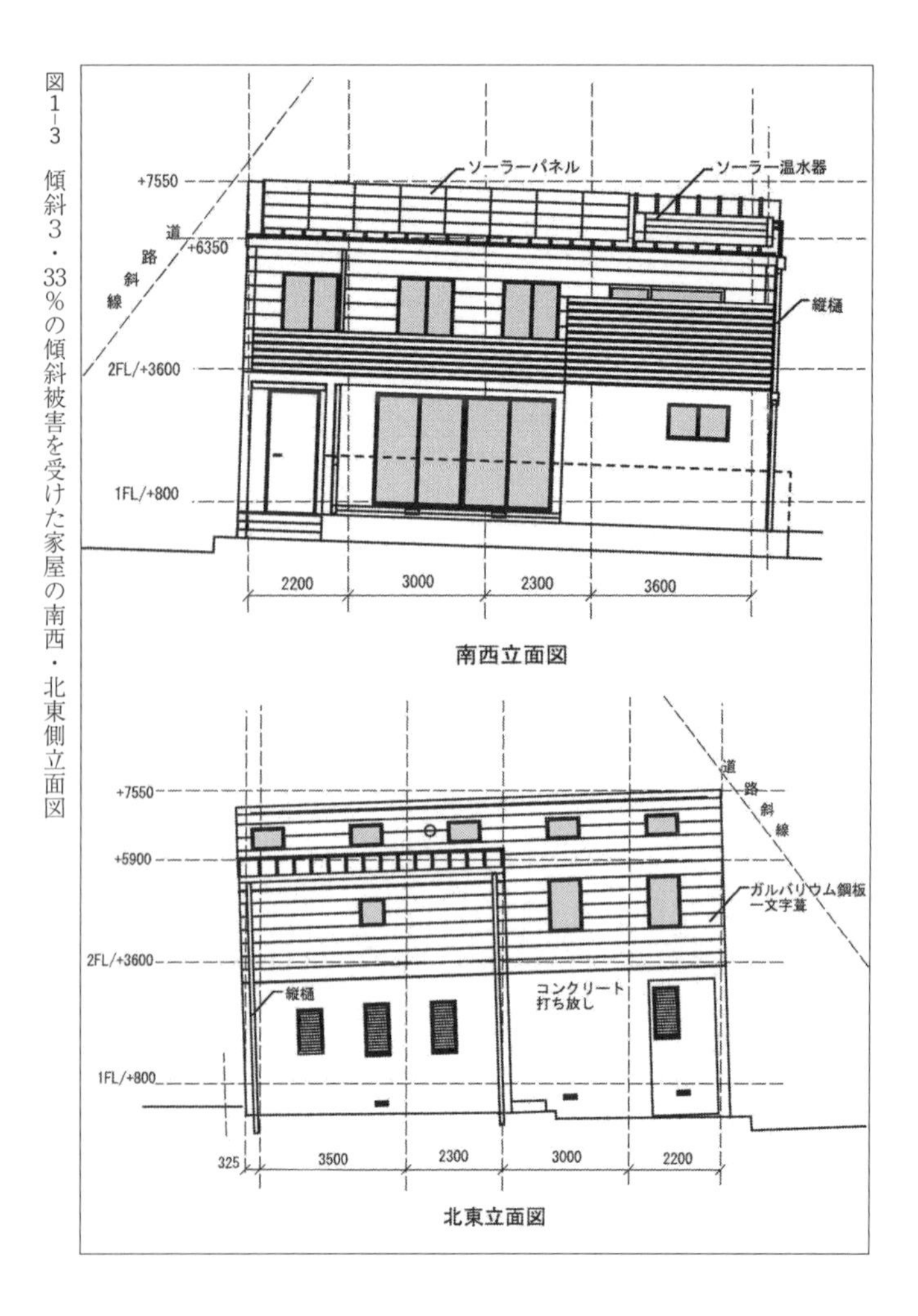

図1-3　傾斜3・33％の傾斜被害を受けた家屋の南西・北東側立面図

3点セットとスマホとメモ用紙の計測・計算道具一式を背負い袋に向かった。まずは外の基礎廻りを一緒に確認の後に室内の傾斜測定を行った。そこもほぼ筆者宅と同様の傾斜値だが、傾斜方向は全くの逆である。室内家具の被害は全く無しとのこと、外観は傾斜と砂泥の噴出痕以外には損傷らしきものは認められない。

その計測支援の姿が屋外に出て様子を確認されていた近所の方の目に留まったようだ。それから芋づる式に調査対象が拡がった。それは建築士有資格者の技術屋ゆえの行動だったのだろうか、カミさんと長男の長靴姿とスコップの敷地内の砂泥搬出作業を横目に、夕方まで近隣の被災状況調査を持続した。その口コミも瞬く間に拡大し、翌朝には希望者が数十軒、結局週末の土・日の2日間で50軒近くの建物基礎廻りの確認と沈下量つまり傾斜測定そして床下の点検などを行ったことになる。いずれの傾斜家屋でも、テレビや食器棚、本棚などからの落下物が皆無だったことを確認した。

初日の計測作業の合間で意外な相談を受ける。市内の知人宅が倒壊の危険で市の調査員の方から避難指定先の体育館に一家全員で移動するよう指示を受けたという。それは大変と、車に乗せてもらい駆けつけた。

外観上はごく普通の状態に見える。敷地内に入ると外壁の一部には大きなクラックが認められるも、増築された離れと母屋の接合部であるそこが開いただけであった。基礎部が地震で別々の挙動を繰り返し、破断の一歩手前の状態だが、居住部分の母屋の損傷は全く認められず、

写真1-5　液状化による段差等で通行留めとなった区画道路

写真1-6　液状化被災地区ではいち早く路内噴出土砂が脇に寄せられ、車の通行が可能になった

居住継続可とのと判定を下した。メモ用紙に判定内容を書き込み、建築士資格と氏名、連絡先を記しお渡しした。

「母屋も離れも倒壊の危険性は認められず、揺れで接合部に亀裂が入っただけなので、寒い避難先の体育館よりはご自宅で過ごされたほうがよろしいでしょう。市の方にはそうお伝えください」

建築士の言葉ということで、ご家族は安堵されたようだ。この時、あらためてこの資格の社会的価値を感じることとなった。

調査の依頼は口コミで続々と舞い込み、一週間後には、本格的な三脚付のレベルメーターの購入にまで進んだ。これが嵩じてプロ並みの水平測量技術まで習熟してしまった。

その間、自宅廻りの砂泥の片付けは家族に任せきりとなった。後に判明したのだが、傾いた自宅の内部床下には大量の水が溜まっていた。隣家との境界部で大量の砂泥交じりの水が噴出し、床下換気口から侵入したものと判断した。そのかき出しには電動のバキューム機が不可欠と、再度ＤＩＹショップで購入し、どうにか砂泥混じりの水は吸い出したものの、細かい作業は手で行うしかない。しかし、近所の調査支援依頼は断れず、カミさんにその作業を委ねざるを得なかった。床下に潜り作業するのは大変なものであったと思う。それが原因か、腰痛を患わせてしまった。その負い目は今も続く。

3　事前の液状化対策は効かず

実は近隣調査を始めたのには、それなりの理由がある。これは並みの液状化ではない、という技術者ならではの直感だろうか。ある時、傾いた家のご主人とこんなやり取りがあった。

「建て替えるときに地盤改良をしたんですが……」

「設計図書が保管されていれば見せて下さい」

すぐに出された図面には地盤改良杭長○m、○○本の文字、建物のコンクリート基礎の下部に念入りに地盤改良工事が施されている。見積もり書も添付され、その細かい仕様も確認できた。あわせて地盤調査の報告書も添付され、その結果から今回の事態が推察できた。

明らかに改良深より下部の地盤が液状化している――これは貴重な資料となる。要は、この液状化は地中のどのレベルから起きたものなのかを特定しない限り、対策の施しようがない。

その思いが嵩じて、土日の一日半をかけ、できる範囲での状況調査に終始した。自宅の復旧、近隣の復旧、大量に被災した市内や遠方も含めた家屋の復旧、そして来るべき首都直下型地震への備え、等々の思いが頭のなかに巡っていった。測定結果は筆者宅とほぼ同じか、多少下回る程度で、近隣家屋の全数が傾斜1～3％前後を記録していた。

これを機に複数街区を対象とした悉皆調査に各戸が協力してくださるようになり、沈下計測と外部調査に加え、ご自宅保管の設計図書の閲覧と、建築年、基礎形状、地盤改良工事の有無も確認した。室内は壁クラックや家具の転倒状況、そして床下収納を開けてもらい懐中電灯を用いて床下の噴出砂泥の有無の確認もおこなった。時には床下の奥まで這って移動した。

内外の砂泥は認められるも、コンクリート基礎や木部とのつなぎ目破損は皆無なのが不思議なくらいだった。それこそ液状化層の存在が何らかの緩衝作用を働かせたのではないか、との推論に至った。

翌週末も近隣調査が続いた。なかには自分の敷地は地盤改良済みで砂泥水は一切噴き出なかったのに、隣の敷地から噴出して家が傾いたとの情報もあったが、図面を見て合点がいった。改良層下の液状化した砂が表層の弱いところから噴き出した。その噴出場所は家屋相互の近接する隙間に集中する。火山の下のマグマ溜まりから噴き出し、その空洞化した部分が陥没するカルデラの形成経緯と同じなのかも知れない。まして家屋の近接する背割り線すなわち道路とは反対側の裏

図1-4　ある街区の傾斜状況→東西方向傾斜／↓南北方向傾斜／中央囲み数字は合成勾配%

手の地盤は、双方の建物荷重の土圧が重なる部位ともなる。そこに地震動で地中の間隙水圧が増して吹き出したのだろう。

「お宅の地盤改良は地盤表層の土にセメント粉を混ぜ込んで固めた浅層改良工法で、その下部の地盤が液状化し、お隣との境界と建屋の間から噴き出しただけですよ」とコメントした。

近隣の調査対象となった住宅家屋件数は3か月間で100軒近くに上るが、全く傾斜も沈下も無い家屋は3割程度、傾かずに等沈下が1軒、他はみな傾斜被害という結果となった。そのうち建て替えられた際の浅層改良工法または地盤改良杭工法の液状化対策工事済みの家屋が20棟あまり、その深さは浅層改良工法ではおおむね2~3m、地盤改良杭工法4~7m、細い鋼管を短い間隔で打ち込む工法でも7m程度だった。

しかし液状化のための事前対策を施したとされる全数が傾斜していた、との衝撃的な事実が判明した。後年も含め、調査や事後相談も含め筆者の支援対象総数は150棟近くに及び、その傾向は全く同じだが、むしろ復旧工事にまつわる様々な課題が浮かび上がった。

4 地盤液状化は意外と深い層から発生した

その後、被災した戸建て住宅地だけでなく集合住宅地においても、各自治会や管理組合単位で復旧活動が行われ、各方面の知識を有する方々がボランティアとして活動されていることを知る。そこでの情報交換は、市内の他の場所でも地盤液状化は意外と深い層から発生したことを知らせる手掛かりとなった。

筆者の自治会でも沈下修正復旧委員会（正式名称：○○自治会東日本大震災・住宅傾斜問題対策委員会）を立ち上げることとなり、筆者も加わることとなった。自治会勉強会は被災2週間後の3月26日と決まった。筆者は調査結果報告と、傾斜家屋の水平化すなわち沈下修正工法はどのように行われるのかをまとめたA3裏表の資料を作成し、PPTにて発表することとなった。その説明資料は都合で出席できない方への情報共通のために回覧板で町内配布し、直後にインターネット上の無料サイトに公開した。その勉強会は6月までの間に計3回を数えたが、全会とも会場の自治会集会所は満席となった。

第1回自治会勉強会の翌週4月2日、前述の「街人の広場」が開かれ、そこでそれまで調査した被災状況と「事前の液状化対策は効かなかった」という内容を報告した。そこになんと『日経アーキテクチュア』誌（日経BP社）記者が同席されていた。終了後のインタビューも含め、同誌4月25日号に筆者の報告時の姿が提供写真とともに掲載となった。

その記事は「深さ7m以内の地盤対策は効かず――千葉・浦安で露呈した埋め立て宅地の液状化リスク」の大きな見出しで掲出された。表紙は東日本大震災・現地報告「RC横転の衝撃」の女川町（宮城県）の津波被害の写真だが、後頁ながらA4サイズ3面6頁にわたっての「液状化」の取材内容が紹介された。それらの情報源から筆者の近隣の傾斜調査とその支援活動も知られるところとなり、各自治会単位での活動にとどまらず、全市的な市民交流ネットワークへと発展する。

被災4カ月後の7月、近くの公民館を会場に市民交流ネットワーク主催の市民勉強会が開催された。そこで筆者の前に発表されたのが市内在住の被災者でもあった海洋地質に詳しい方(大学教授)で、その内容で注目したのが被災翌日に採取した噴出砂泥の塩分濃度測定結果である。職場の研究所の方々も加わり、精緻な機器を用いたデータ解析が行われたらしい。そこで噴出砂泥には微量ながら塩分の値が計測され、意外と深い砂層まで液状化が進行したことが速報ながら報告された。

一般的には海岸近くの地盤下での井戸水は真水すなわち淡水だが、深くなると塩分濃度が増す。東京湾に突き出した形の埋立層の地中水分は、浅いところは降雨浸透圧で淡水だが、深くなるに従って海水の影響で塩分濃度が高まるという。実は筆者の生まれ育った場所も海岸べりの砂州状地形で、深井戸には塩分が混じることを親戚の古老から伝え聞いてきた。この地中の塩分濃度の違いの現象は「淡水レンズ効果」とも言われ、学術的には「ガイベン-ヘルツベルクの法則」と説明されることをあらためて思い出した。これは筆者の知識では次のように説明できる。塩水は真水より比重が重い。その両者は混じり合わないで上下に重なり、分離層ができ、その断面形は凸レンズ状になる。「淡水レンズ」と呼ばれる所以だが、これが埋立市街地の地中にも顕れていることは興味深い話でもあった。

写真1-7　近くの旧堤防は崩れかけ、足元に噴出砂泥が溜まる

写真1-8　近くの道路では路面のブロックはガタガタ、水道管の破裂で水が溜まっていた

その説明内容は被災翌年の地質学雑誌[注3]に論文掲載され、そこには液状化が地下のどこで起ったのかを同定すること、それを被災翌日から勤務先の同僚や自治会の助けを借りて行われたと記載されている。ボーリングコア試料採取と、X線CTスキャンが行われ、調査協力された方の名を記載名簿から読み取ることができた。自ら被災直後の敷地で調査に協力されたのだろうと推察した。

それは綿密な解析を経て、鮮明な地層のイメージ画像の取得に成功していた。掲載内容を改めて引用すると、「地面下13mまでの地層を5つのユニットに区分することができ、その中で6・15mから8・85mまでの間で地層のオリジナルな構造が破壊されており、液状化した層であると判定した」とある。この発表結果こそ、液状化は想定外の深さから発生すること、場所は異なれど同じ時期の埋立市街地であり、筆者の「事前の液状化対策は効かず」の推論とも符合する。

その地質学雑誌には噴出砂泥の塩分濃度の件については全く記載されなかったものの、後に受領した2011年9月に発行された「震災対策特別プロジェクト・チームM3 第一号」[注4]には同氏の調査報告が詳細に記述されていた。「砂と同時に噴き出した水分の塩分も測定。その結果は5〜15パーミル（パーミルは千分率すなわち1パーミルが0・1％）でした。通常の海水が34パーミル程度なので、これは海水が1／7〜1／3程度淡水で希釈された水であることがわかりました。貝殻が含まれていたので、これがもともと海で堆積した砂であり、海の匂いがしたのは、塩分が含まれていたからと考えられます。この砂は地下の何処からやってきたのであろうか、液状化の実態を理解するためには液状化層を特定することが非常に大切です。」

前掲の論文はその液状化層を特定するための詳細な分析結果を示していた。ボーリングコアと噴出砂泥の塩分濃度の計測値、その2つの傍証は、筆者の被災直後の調査から得た推論と一致した。つまり意外と深い層から発生したことを示す証拠と確信した。

蛇足だが、その中心となった大学教授の既往論文の検索から、筆者の高校時代の友人のお兄さん（故人）と同じ職場で、多くの共同研究をされた方だったことも判明した。筆者も大学入学時にお兄さんとは駒場寮でお会いしたと記憶する。奇遇な話でもあった。

その後に調べた範囲では、液状化した地層は埋立ての際のサンドポンプ工法で吸い上げられた埋立砂層と沖積砂質土層らしく、その深さは場所によって異なるが、概ね9～12m近くの厚さが公開された地盤ボーリング調査データから読み取れる。その下部には沖積シルト層などの比較的軟らかい地層が30～60m近くも積み重なっているのが関東の低地部の地層らしい。これは一般的には液状化しないとされる地層で、その上部の2つの砂層、つまりが埋立砂層と自然堆積の砂層、その2つの層の厚みは市内埋立地の公開されたボーリングデータからは10～12m近くに達している。

5　傾いた家での生活

被災家屋すなわち傾いた家の生活の不便さを記述しておく。いや不便だけなら我慢もできようが、健康被害という深刻な事態が待ち受けていたのだ。

当時の液状化被災家屋のテレビ映像を記憶される方もおられるだろうが、傾斜した床に球を置けば重力によって転がる。それは傾斜に従って加速度がついて勢いよく下る。また家の中の建具はオートドア現象、つまり引戸は重力に従って移動する。開き戸も同様である。ドアのラッチやロック機構でもあれば締まるが、カギ無しドアは開いたままとなる。外部アルミサッシも同様、カギをかけていなかったサッシは地震直後には自動で開いたという。

傾斜角を実感するのが、就寝した際のベッド上である。運よく長手方向はほぼ水平でも、短手方向は大きく傾斜する。マットの弾性で何とか寝られるが、重力に逆らっての寝返りも難しく、朝起きると不思議と片側に寄っている。昼間もテーブルから物が落下し易く、イスから起き上がる際には抵抗感がある。断水が終り、下水使用が始まって入ったお風呂も浴槽内のお湯が傾き、洗い場では排水溝に入らない水が溜まる。手でかき出せば良いのだが、これが日々最後のお湯を使った者の務めとなる。

傾斜と人間の感覚にかかる情報はインターネット検索ですぐに確認できたが、それが持続すると健康被害につながるとの話に愕然とした。それは過去の地震などで発生した建物傾斜被害の実態調査結果によるものという。日本建築学会発行の建築士のためのテキスト『小規模建築物を対象とした地盤・基礎　03年版』の記載には次の内容にまとめられていた。

①傾斜0・5％（角度0・29度）：傾斜を感じる
②傾斜0・6％（角度0・34度）：不同沈下を意識する
③傾斜1％（角度0・57度）：めまいや頭痛が生じて水平復元工事を行わざるを得ない
④傾斜1・5％（角度0・86度）：頭重感、浮動感を訴える
⑤傾斜2％（角度1・3度）：牽引感、ふらふら感、浮動感などの自覚症状
⑥傾斜3％（角度1・7度）：半数の人に牽引感
⑦傾斜3・3％（角度2・0度）〜5・0％（角度3・0度）：めまい、頭痛、はきけ、食欲不振などの比較的重い症状
⑧傾斜6・6％（角度4・0度）〜10・0％（角度6・0度）超：強い牽引感、疲労感、睡眠障害が現れ、正常な環境でものが傾いて見えることがある

一方で、人間の体はそれに順応する力もあるようで、半年以上を経過しても我慢しながら生活されている方も少なくない。これは個人差によるが、これが永く継続することは好ましいこ

とではない。

また国の建物被害判定の基準「災害に係る住家の被害認定基準運用指針」（平成23年5月改定）では、傾斜5％以上が全壊（外壁または柱の120cmの垂直高さに対する水平方向のずれ6cm以上）、1・67〜5％が大規模半壊（同2cm以上〜6cm未満）、1〜1・67％が半壊（同1・2cm以上〜2cm未満）、それ以下の傾斜は一部損壊、と示されている。

近隣被災家屋の調査結果は、多くが1・5％以上、最大3・33％（市内最大値は6％超も）、平均で2％近くとなり、大半が大規模半壊の認定となった。初日の調査では思春期年代の女性が傾きに特に敏感で、このご家族は賃貸とのお話を聞き、すぐにでも水平な住宅に引っ越しされることをお勧めした。運よく年度末3月の引っ越し時期に重なり、被災地ゆえに外部からの転入はキャンセル続出で、そのご一家は近くの傾斜のなかった住宅に転居されたとの連絡で安堵した。

そして時間の経過とともに、ご高齢の女性より傾きが気になるとの訴えが続いた。調べれば傾斜による健康被害は内耳の三半規管に異常を来たし、めまいそして急に倒れるなどの症状を引き起こし、場合によってはメニエール病などの深刻な病気につながるらしい。

物的な傾き被害は建物だけでなく、門扉や塀、カーポートなどの外構、そして敷地全体が傾斜したのだから配管類も傾いたはずである。下水や雨水管の逆勾配は、今は問題なくとも将来的には不安が残る。

一部の家屋では下水管の破損も発生して使用不能となった。被災2日目には市から自治会を経由して、「末端の下水本管に支障をきたし、使用しないように」との正式通知が来た。運よくクリーンセンター（焼却施設）は無被害で、ごみ収集・焼却には問題がないとの由。紙おむつなどを使って吸収させて、可燃物として回収可能との解説付だった。とにかく被災範囲が埋立市街地に限定されたことが救いとなった。下水本管の開通までは1カ月以上もの我慢となったが、本管開通後に、宅内支管が詰まっていた家が何軒かあったとも伝え聞く。

加えて、液状化した噴出砂泥による屋外設備機器の故障も相次いだ。筆者宅も床置き式ガス給湯機が浸水し、漏電遮断器の作動で停電状態となったことは前述したが、加えて床置きエアコン室外機器も噴出砂泥で使用不能となった。それ以降、屋外設備機器は極力壁付けか、高い台の上に置くようにし、これも近隣の復旧時のアドバイス項目としている。

また自宅では1週間近く経過した雨の日、室内壁から水が垂れていた。出所を辿り天井裏へ、その水音の場所にカッターナイフを入れてみれば、ロスナイ配管の継ぎ目から滴り落ちている。原因は家屋の傾斜で、本来ならば外壁の排気口から水が入ることはないが、配管が逆勾配となって水が滴り落ちていたのだ。これには天井裏の野縁から角棒で配管を押し上げ、勾配の修正で一件落着した。しかし天井の穴や壁の漏水痕はしばらく残り、後年の内装改修と設備機器更新まで続いた。

一方で床下の換気口から侵入した砂泥混じり水を防ぐ手立ては断念した。床下通気の換気口があり、その一部に電動ファンを用いる仕組みは温存し、次なる液状化の際には同じことを繰り返すのはやむなしと判断した。

これらの経験から、二度とこのような被害に遭わないように専門的な知見を結集すること、または遭っても困らないような対策を施すことを考えるようになった。

被災翌日の夜からインターネットで液状化被災の事例収集に着手した。そして知己に実態を伝えて、あらゆる情報の入手を依頼した。数日後に早くも大手建設会社に勤務する友人から、83年の日本海中部地震、95年の兵庫南部地震（阪神・淡路大震災）、00年の鳥取県西部地震、04年の新潟県中越地震等々の際の液状化被害実態と復旧支援技術者の投稿論文、記事などがメールで送られてきた。(注5) 所属先の技術研究所に問い合わせ、膨大な資料を収集してくれたらしい。加えて筆者が土木学会や建築学会、都市計画学会の論文サイトへのアクセスができたことも、その情報収集に大きな力となった。

被災3日目の月曜日には通勤用のＪＲ京葉線の電車は動き、都内の事務所で仕事を再開したが、駅前広場の惨状は目を覆うばかりだった。路面には噴出砂泥が溜まり、周囲の建物との段差も各所に生じ、建物際の床タイルが破損し、身障者エレベーターは傾き使用停止となっていた。どうにか歩けるルートを探し、駅改札口までは辿り着けた。

写真1-9　駅前広場の歩道端。広場に面する建物際に路面が破損し段差も発生。一部には噴出砂泥が溜まる

写真1-10　駅前広場のエレベーターは傾き使用停止に。地面との間には大きな段差が生じた

数日後の夜、勤め先から帰宅すると近所のご高齢の方から電話があり、「家がミシミシいって壁に亀裂が大きくなったようだ、眠れない。来て貰えないだろうか」という伝言があった。計測器と懐中電灯を持って訪ねた。目視すると内装壁の細かなひび割れが確認できたが、「これは木造家屋のボードの継ぎ目の経年変化で、構造面での問題は認められません」と回答した。傾斜した家で、高齢のご夫妻には不安な日々が続いていたのだろう。不安を取り除く精神安定剤の役割としての近隣居住の建築士の存在を、われながら痛感した。

ところで、自宅の復旧に要した費用は、沈下修正と外構ハツリなどの準備工事や配管類の移設などの関連工事を含めると900万円、冠水した設備機器取替えも含むと1千万円近くになった。運良く国や行政、共済組合の支援金そして地震保険で事足りた。

ちなみに今回の被災が地震保険の対象になると知ったのが、近所の方が感謝の言葉を述べに来られた際だった。筆者の計測データをもとに保険会社に連絡され、調査員が実際の傾斜状況を確認され、1週間程度で送金が完了したとのこと。その際に「先生宅も住宅ローンを組まれたと思いますが、ローンは火災保険・地震保険が必須で、保険料は最初に天引きされているはずですよ」との話だった。すぐさま書類を探し、保険会社を確認して電話すると、「該当していますす」との回答、それこそボランティア活動に対するご褒美だったのだろう。

6　ライフライン途絶下の生活

上下水道そして都市ガスが使用できず、一時的ながら電気も使えなかった過酷な生活環境は、様々なメディアで報道された。

一番の問題は下水道が使えなかったことだ。これは食事の際の洗い物に加え、トイレが使用できないという深刻な事態だった。肝心の食事はレトルト食品やインスタント、出来合いのものが多くなり、食器の上にラップをかぶせ、その上にご飯や惣菜類を置く。これも皆主婦の方々の生活の知恵、さしずめ近隣の人たちの路上の会話や、お医者さん通いの方々には診療待ちの雑談が、その情報交換の場となった。家に帰るとその口コミ情報を話題に食事の会話が弾むという、非日常的な日々だった。

お風呂はさすがに被災直後の活動で汗をかいたため我慢というわけにもいかず、被害の無かった旧市街地の元町の銭湯に自転車で行くこととした。そこは予想外の長蛇の列だったが、それもそのはず、市内人口の4分の1の方々の住む元町に、戸建てや集合住宅も含めたインフラ途絶区域、すなわち市域の4分の3もの住民がそこの銭湯などに集中したのだ。3月の春近い時期とはいえ、まだ夜はさすがに冷える。寒空の中、屋外に行列を並ばせる訳にもいかず、番台の中に入ればここも順番待ち、浴場に入れる人数はロッカーの数に制約され、待ち時間1

写真1-11　近くのショッピングセンター。歩道のブロック舗装との間に段差が生じ、立ち入り禁止となった

写真1-12　木造タウンハウスの団地内では建物が傾斜し、設備配管類が大きく損傷した

時間は当たり前となった。

市内のホテルは断水などを免れ、被災市民に大浴場を開放したが、人数制限や時間枠があり、これも先着順となった。都内に通うサラリーマンは勤務先からの帰途ルート上の駅近くの銭湯通いとなり、筆者も鞄の中にタオルや旅行用石鹸・シャンプー、着替えを忍ばせ、今日はどこの銭湯に立ち寄るかな、と通勤電車内でのネット検索が日課となった。そのお陰で通勤先から自宅までの途中駅で下車し、銭湯までの道すがらの下町の夕刻の賑わいぶりも垣間見ることができた。

電気はすぐに復旧するも、直後の計画停電には困惑した。通勤帰りに駅の改札を出ると、駅前広場が真っ暗、そこにタクシーやバスのヘッドライトのみが動いている。液状化によるでこぼこの路面、砂泥の堆積の危険な道を、暗い月明かりの中で歩く経験もした。計画停電は市長から国への申し出で震災被災地として認定され、数日後からは夜間実施が見送られた。

また、ガスの途絶した中で大きな力となったのが、保管していたカートリッジ式ガスボンベのコンロだった。直後に販売店にお客が殺到したため品切れになったが、数日で出回り、大きな燃料危機には至らなかった。これも被災区域が限られていたがゆえの幸運だろう。しかし小さなボンベゆえに、火力が通常の都市ガスと比べて弱いのと、ガス切れを怖れ、簡単なもので済ます家庭が多かったとも聞き及ぶ。そもそも水も出ない中での調理には自ずと限界があった。

上水道の復旧は意外と早く1カ月後だったが、これも道路脇の仮設の露出配管で、本格復旧までには数カ月以上も要した。その間、筆者の被災の報を知った知人たちからメールで、「自宅玄関先に水タンクを置いときました」という連絡が時折入るようになった。仕事柄、液状化被災地の実態見分に来られたらしい。自宅の位置をスマホ情報で確認されたようだ。その日の調査画像はＳＮＳやインターネットに公開されたが、被災民にとってその好意は実にありがたかった。

【注】

注1　安田進・原田健二・石川敬祐「東北地方太平洋沖地震による千葉県の被害」『地盤工学ジャーナル』２０１２、Vol.７、№１、103-115、公益社団法人地盤工学会

注2　浦安まちブックをつくる会『まちづくりがわかる本――浦安のまちづくりを読む』、彰国社、１９９９年11月１日。１９９９年度の日本都市計画学会石川奨励賞を受賞。

注3　平朝彦ほか27名「論説・ボーリングコアのX線ＣＴスキャン解析による東北地方太平洋沖地震における地盤液状化層の同定：浦安市舞浜３丁目コア試料の例」『地質学雑誌』２０１２年、１１８巻7号、pp.410-418。

注4　震災対策特別プロジェクト・チームＭ３（舞浜三丁目を、安全で安心で美しい町並みにするための道すじ）パンフレット第一号、舞浜三丁目自治会震災地柵特別プロジェクト作成、一般社団法人地域コミュニティ振興協会、２０１１年9月発行。

注5　ＮＰＯ住宅地盤品質協会発行『土木・建築基礎工事と機材の専門誌・基礎工・特集戸建て住宅基礎・地盤の障害と対策』２００７年8月、Vol.35。そこには「戸建て住宅基礎・地盤の障害要因とその対策」（若命善雄）、「住宅基礎の沈下修正工事の変遷と展望」（間瀬哲・才上政則）、「地盤補強工事を採用した住宅の沈下修正事例」（水谷羊介）、「新潟県中越地震における、住宅基礎の補修・補強事例」（村上满）、「阪神大震災における住宅基礎の補強・補修事例」（平田茂良）などの論文が記載され、筆者にとっては貴重な資料となった。

第2章　被災直後の緊急調査で判明したこと

筆者なりの観察やデータ整理から、これまでの常識を覆すことも含め、新たな発見がいくつかリストアップされてきた。以下は被災3カ月頃までに書きためた原稿である。

1　深さ7m以内の地盤改良や杭工法では液状化被害を食い止めることは出来なかった

地盤改良工法には、地盤のある一定深さを掻き混ぜ、そこに粉状のセメントなどを混ぜて固める「表層改良工法」と、地中に一定間隔で固化材を注入し、直径60cm程度の円柱状の塊を一定深さまで造り込む「柱状改良工法」、そして細い鋼管を多数打ち込んで地盤を締め固める「小口径鋼管杭工法」が広く用いられてきた。

その改良深は、表層改良工法では2～3m程度まで、改良杭工法では深さは4～7m、小径鋼管杭工法でも7～10m程度が一般的で、戸建て住宅のような小構造物ではそれで事足りるとの専門家筋の判断だったと記憶する。というのは、杭の長さはその運搬方法に左右される。多くが陸上輸送でトラックの荷台に載せて運ばれるため長さに限界があり、それを超える場合は現場で継ぐ作業が伴い、かつ接合強度も求められる。そのため戸建て住宅ではコスト面から、長い杭は用いられず、その改良深も前記の値で留まることに一理はあった。

筆者も自宅新築の際、建築構造家との相談のもとで地盤の地耐力調査の平板載荷試験を行い、高い値が検出された。その当時は2人で、「堤防に近いがゆえに、地中に大きな栗石でも入って強固になっているのだろう」。新潟地震の例も出して、「もし90度傾いても、1階の躯体は頑丈なRC造にしているのでジャッキアップすればいい」と気楽に会話していたことを記憶する。

しかし、液状化による傾斜を確認し、すぐさま構造家に連絡し、二人とも茫然自失となったことは言うまでもない。その時は耐圧盤下部の杭省略を悔やんだが、後の近隣調査を経て、「いやそれは却って良かったかも知れない」という思いに変化した。当初設計のコンクリート製節杭が、沈下修正には大きな制約となっていたらしい。筆者宅の修正工事を依頼した会社の役員さんに確認したところ、杭があるとその箇所ごとに孔を掘り、作業員が潜って切断治具で杭を水平方向に切断するという。その意味では不幸中の幸いとも言える結果となった。

ところで、歴史的建造物の免震工法採用が話題に上ることが多くなったが、これも基礎下の杭や地下・地上部の柱を同様に切断して新たな杭と基礎を造成し、中間に免震装置を設置する。そのような工法は手間さえかければ可能とのことを、その沈下修正会社の方からうかがった。技術の進歩は目覚ましいが、このような職人さんたちがその足元を支えてくれていることは、実に頼もしい限りである。

さて、近隣調査の対象区域では、新築の際に地盤改良を施した家屋すべてが傾斜した。つまり液状化は想定外の深さから発生し、建物は杭ごと沈下した。当時の戸建て住宅の設計の常識を超える現象が出現したわけだ。

１９６４（昭和39）年の新潟地震で「液状化」が一躍注目され、87年の建築基準法改正に伴い「小規模建築物基礎設計の手引き[注6]」が作成された。その後01年と08年の２度、改定されている。そして市より公開された「浦安市地震防災基礎調査報告書」（２００５（平成17）年３月版[注7]）では液状化の危険性に関する言及がされている。すでにこの時期には液状化への警鐘が鳴らされ、それに呼応して各種の備えのための工事が施されたはずだが……。とはいえ、これらを参考とした何らかの対策や種々の地盤改良工法も採用されたが、それらが軒並み無力だったことも衝撃的な事実である。

筆者の調査範囲では、地盤改良深による沈下量の差異はほとんど認められなかった。改良深の設定や、地盤改良杭

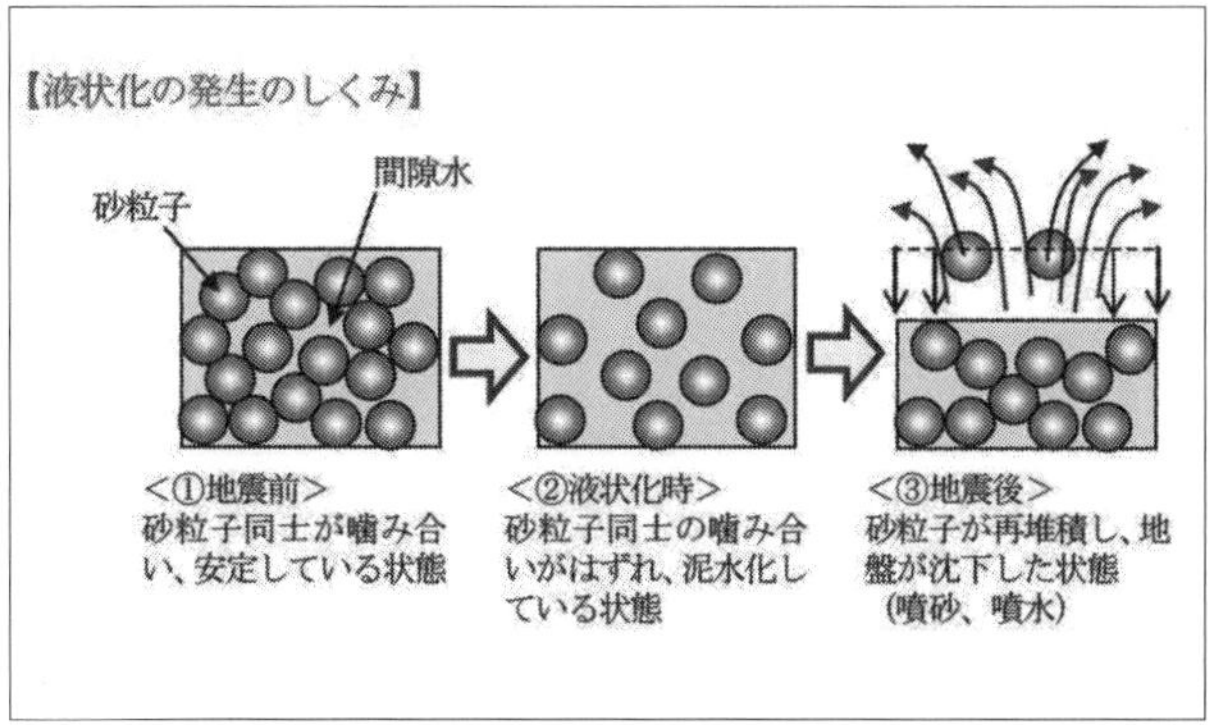

図2-1　東日本大震災の6年前公開の「浦安市地震防災基礎調査報告書」（２００５（平成17）年３月版）に記載されていた液状化発生のメカニズム（出典：注７）

の場合の工法は、建物の構造や荷重条件、住宅メーカー、設計者の判断等によって異なってい
た。国内では多くの特許技術工法が開発され、とりわけ大手プレハブ住宅メーカーは独自工法
を施主に勧めてきたという。事前の地盤補強に要した費用は工法によって異なり、概ね１００
～３００万円、それが今回の震災ではほとんど意味を成さなかったばかりか、後の復旧に際し
沈下修正工法が限られるなど、意外と苦戦された方も少なくない。まさに杭（悔い）が残ると
はこのことだったのだろう。

事実、特殊な沈下修正工法を余儀なくされ、その手間も含め、費用も高額にならざるを得な
かったケースもある。それに対する被災者の方々の不満の声も方々で耳にした。

2　サンドコンパクションパイル工法採用の低層集合住宅地では効果があった

一方で、被災区域に隣接した１９７０～75年に開発された5カ所の公団（住宅公団の略称、
現ＵＲ都市再生機構）の2～3階建ＲＣ造の低層団地には、傾斜らしきものは全く認められて
いない。近傍の戸建て住宅群や木造3階建てタウンハウスが軒並み傾斜したのに、ＲＣ造で重
いはずの建物が無被害だった。当時の構造担当者に先見の明があったのだろうか、運よく担当
技術者の発表論文のコピーを入手できた。その資料は「住宅公団浦安地区団地の基礎地盤改良
工事について」の表題[注8]で、市内埋立地の計5ヵ所の団地の建物の基礎の下や周囲に「サンドコ

ンパクションパイル工法（SCP）[注9]」と呼ばれる砂杭を地中に深さ10mまで構築し、加えて長さ8mの「PCコンクリート製節杭」も併用されたとある。また建物直下だけでなく、周囲5m近くまで概ね2～2・5m間隔で規則正しく砂杭と節杭が並べられていた。

5番目の団地（図2-3のE団地）は筆者宅から300m程度の位置にあるが、両工法に加えて「砕石ドレーンパイル工法（GD）[注10]」が加えられている。

筆者も以前はこのうちの1つの3階建てタウンハウスのメゾネット住宅に住み、住宅管理組合理事会を支援する専門委員に名を連ね、竣工図書を閲覧した経緯を持つ。また他の団地にも前述の「街人の広場」の建築関係者仲間が何人も住まわれ、その方々からの建物情報を被災直後に入手した。それは「浦安市市街地液状化対策検討委員会」[注11]の公開情報にも掲出された。

この結果は、事前の対策工法が実施されたがゆえに被害を免れたのか、それとも戸建てと異なり連接型の

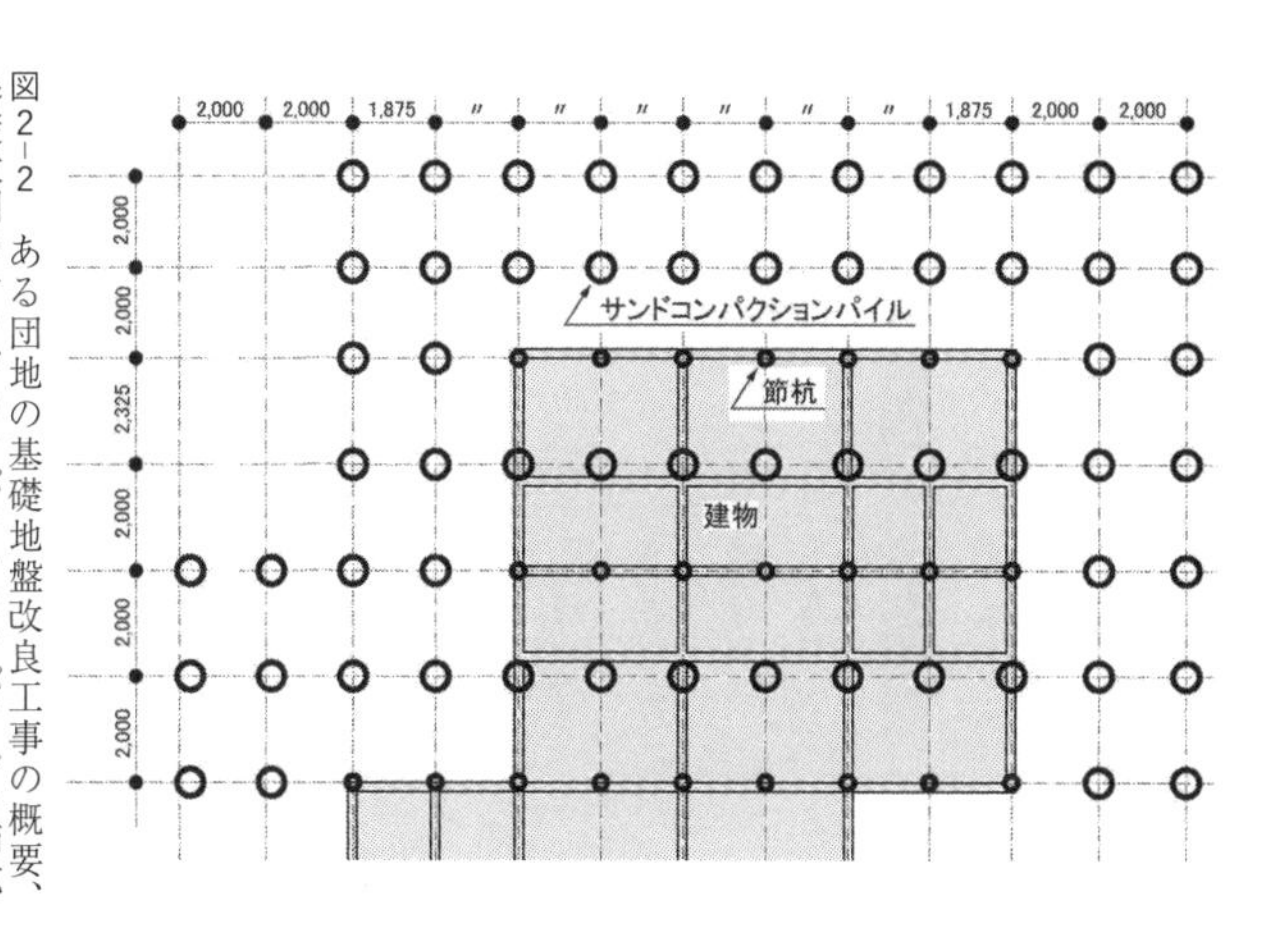

図2-2　ある団地の基礎地盤改良工事の概要、基礎伏図のサンドコンパクションパイルと節杭の配置例（筆者トレース）。出典：吉井守夫「住宅公団浦安地区団地の基礎地盤改良工事について」『集合建築』No.76、pp.714、1980.1（注8）

図2-3　住宅公団浦安地区の2～3階RCタウンハウスの地盤改良実績（昭和50～55年）。出典：図2-2と同じ（注8）

浦安市内2～3階建RCタウンハウス地盤改良実績（S50～55）

地区	計画戸数	工期	サンドコンパクションパイル工法			節杭			砕石ドレーンパイル工法		
			本数（本）	延長（m）	パイル深（m）	本数（本）	延長（m）	パイル深（m）	本数（本）	延長（m）	パイル深（m）
A	230	S50.12～51.3	4,984	47,048	9.4	2,482	19,856	8.0	-	-	-
B	481	S50.12～51.3	12,004	118,459	9.9	3,402	27,216	8.0	-	-	-
C	519	S53.01～53.3	10,056	100,560	10.0	3,012	24,096	8.0	-	-	-
D	194	S54.08～54.10	4,096	40,960	10.0	1,681	13,448	8.0	-	-	-
E	319	S54.12～55.3	4,417	44,170	10.0	4,193	33,544	8.0	1,382	13,820	10.0

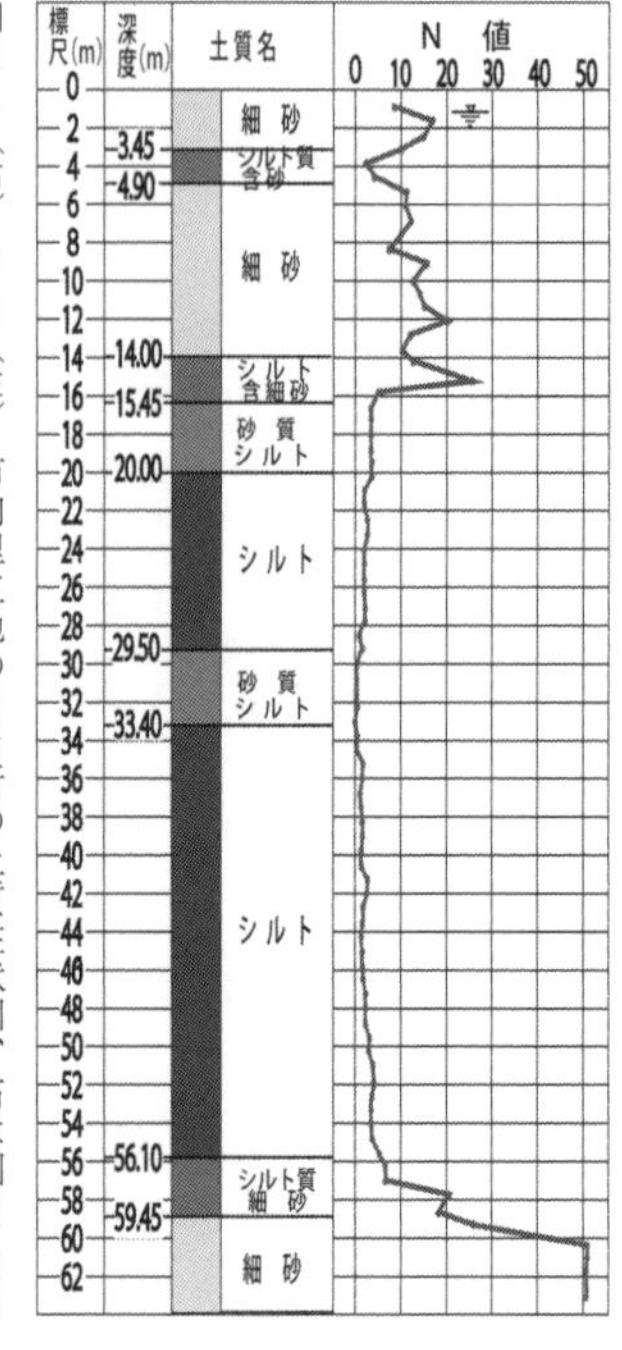

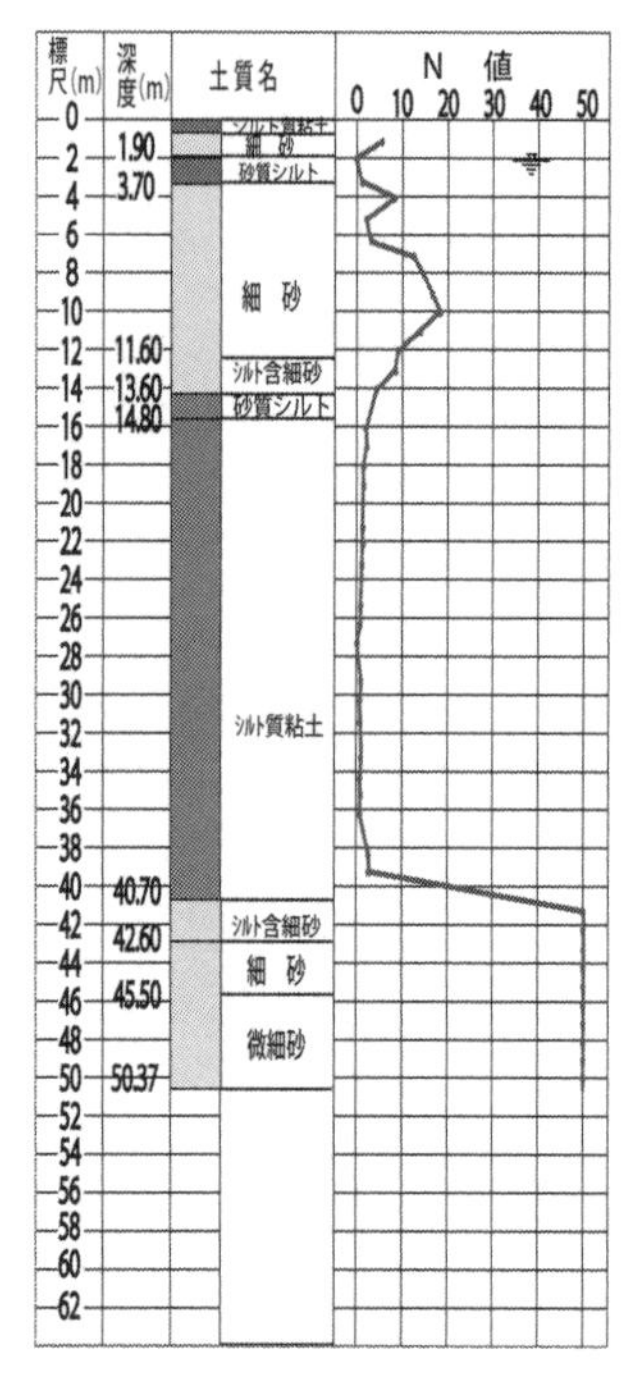

図2-4（右）・2-5（左）　市内埋立地の2ヵ所の土質柱状図、右は図2-2E地区近傍（現まちづくり活動プラザ・旧入船北小学校、筆者トレース）。出典：浦安市HP。左はB地区（筆者トレース）。出典：図2-2と同じ（注8）

集合住宅として比較的中規模の建物だったが故かは、その時は判断できなかった。

その一方で近傍の支持杭方式の高層住宅では抜け上がり現象、すなわち周辺地盤の沈下で大きな段差が生じた。また建物の構造の切り替わるエクスパンションジョイント（伸縮装置）部の破損、そして屋外の駐車場が波打ち、路面に亀裂が入った箇所も多数認められた。

一方で、無傷と表現したひとつの団地に隣接する民間開発の70戸の木造3階建タウンハウス団地では、ほぼ全数が傾いた。被災同年には半数近くの住民が開発事業者を提訴し、第一審の東京地裁、第二審の東京高裁、そして3年後の最高裁第2小法廷で敗訴が確定した。同様に市内の戸建て住宅地も含めた液状化をめぐる集団訴訟は複数起こされたが、いずれも住民側敗訴の結果となった。それとは別の訴訟（第二審・東京高等裁判所）の鑑定人を引き受けたが、これは後述する（第8章）。

また、新浦安駅近くのシンボルロード沿いの3～5階建てRC造中層ビルが沈下した様も目撃した。その建物は隣接の大規模高層ビルが道路面から浮き上がった状態となったが、逆に10cm以上も沈下した様子が見て取れた。明らかに大型の支持杭建物は抜け上がりとなったが、摩擦杭使用または不使用の建物は逆に沈下したと見る。これも液状化とともに摩擦力を失い沈下したのだろう。

以上の視点から、サンドコンパクションパイル工法採用の低層集合住宅地では、液状化対策に効果があったと認められる。ただ、建物周囲は大丈夫だったものの、周囲の外構部分からは

写真2-1　摩擦杭を使用したと思しき中層ビルも、歩道面より沈下したことが読み取れる

写真2-2　写真2-1に隣接するビルの床は、逆に浮き上がっている（専門用語では抜け上がりという）。明らかに支持杭建物と判る

噴出砂泥も認められた。それに伴い、舗装面では未対策の範囲と対策済みの範囲で微妙な段差が生じた。5つの低層集合住宅地の中には、高層棟との組み合わせの団地も存在する。そこでは杭支持の高層建物よりは周囲の外構部分との段差は明らかに少ない。つまり若干の地盤沈下だが、それも等沈下であったことを匂わせる。それこそ液状化した砂層下部の分厚いシルト層に発生した圧密沈下の結果と読み取った。

ちなみに市に設置された液状化対策委員会の調査結果では、「埋立市街地内の杭支持の抜け上がり現象の計測結果が概ね25～45cmの範囲内に収まり、一部は45cm超の値を示している」との記載からも、サンドコンパクションパイル＋コンクリート製節杭がその被害を大きく軽減したことは間違いないだろう。

3　戸建住宅の基礎種別による沈下量の差は存在しない

現代の小規模木造すなわち木造戸建て住宅の場合、大別して布基礎とべた基礎の2種類がある。かつては玉石の上に柱を置く束石基礎であったが、関東大震災の被害状況の研究を経て、昭和の中期すなわち第二次世界大戦後、耐震性能を高めるべく布基礎方式が推奨され、コンクリートの逆T型の布基礎の上に木の土台を置き鉄製のアンカーボルトで繋ぐというコンクリート基礎＋木構造が主流となった。コンクリート基礎も当初は無筋のものが、後に有筋のRC基礎となる。それも大きな地震の度により強固な基礎に改訂され、今では底盤幅も大きくなり、箱型形状のべた基礎構造が主流となっている。

このように建物基礎は耐震性能上重要な要素とされ、次第に大きくなっていった。その意味では底盤の面積の算定基準が何代かにわたり変更されている。これは本書冒頭に記した近代以降の地震の経緯と建築基準法の構造基準の変遷からも読み取れる。

筆者の調査家屋も、基礎形式で大きく2つに区分される。べた基礎は、建物床の下部は文字通りべたっとコンクリートの底面が地面に接するが、布基礎は外周や柱の重心位置に帯状のコンクリート基礎となる。面積の小さい布基礎は軟弱地盤ではめり込み易いとされてきた。

ところが、調査範囲では、液状化の噴出砂泥には埋もれたものの、大きく地面にめり込んだ状態は皆無であり、基礎の違いによる差異は無かった。すなわち、ある程度締め固まった表層部と建物が一体となってある一定方向、多くは宅地の背割り線側に沈下した。またそれに直工する境界部も家屋相互が近接する方向に沈下した。その現象は基礎形状との相関は認められなかった。

とはいえ、基礎の形状は建物の剛性に大きく関わる部位で、むしろ沈下修正工法の選択に大きく影響する要素となった。実際、沈下修正業者さんにとっては、基礎の面剛性の不足しがちな布基礎の場合は敬遠されるという問題の方が深刻だったような気がする。それを無視した水平化工事で、逆T字形の布基礎の垂直部材がつながっていなかった部位が折れ曲がるという事例も確認した。

また、べた基礎でも、住宅規模の底盤スラブはシングル配筋が通例で、床下の点検のために垂直部材が存在しないケースもあり、そこが曲がって建物側に歪が発生した家屋もある。それは沈下修正工事から数日経った時期で建具の不具合から気付かれたようで、筆者への相談となった。これも後述する。

4　沈下家屋を含む戸建て住宅は家具・本棚・食器棚などの倒壊・破損は皆無

液状化地区の詳細な震度計測データは無いが、約3㎞山側（北西）の旧市街地では震度5強と発表された。一般的に軟弱地盤の場合、震度増幅現象が起きやすいとされ、当該埋立地は支持地盤まで30～60ｍの深さがある。そして場所によっては70ｍ近くになるらしい。このような場所では当然のことながら震度は増幅され、場合によっては震度6近くの揺れがあったとしても不思議ではない。

しかし大きな揺れにもかかわらず、液状化被害に遭った家屋の調査範囲内では家具転倒等は皆無となった。多少、食器や本が横ずれ、引き出しの飛び出しや冷蔵庫の移動などの報告はあるものの、耐震金具未設置の家屋でも、本棚や食器棚、テレビ類や家電製品の落下もなかったのは奇跡的と評された。これには長周期の揺れであったことが幸いしているようだ。一方で近隣の支持杭の上に建つ高層マンションでは被害甚大で、本棚が倒れた、食器が落ちて割れた、などの報告が寄せられた。その違いは何だったのだろう。

要は軟弱地盤が緩衝材となったことも十分考えられる。地震動の周期と家具類の寸法関係も含め、何らかの効果が存在したのではないか。

筆者宅も、片側が40cmも沈下したのに落下物は皆無だった。その代わりに食器棚の引き出しは少し開き、冷蔵庫は少し移動した。最初は大きな地震動が小刻みに続いたが、そのうちゆっくりした大きな揺れに変わったようだ。推測するに、支持地盤が深いゆえに中間層としての軟弱地盤層が何らかの形でクッション役となったのだろう。つまり揺れの大きさは増幅されたものの、衝撃度つまりガルの世界はその層に吸収されたのではないか、との推論に至った。ちょうど、水に浮かぶ船舶が地震の際にもほとんど影響がないという原理に近い話が、この分厚い軟弱地盤層に備わっていたはずだ。

地震の衝撃度（ガル）を車の発進時に例えてみれば判りやすいかも知れない。国内陸上最速とされる新幹線は、出発時の衝撃は感じない。一方で自動車のスポーツカータイプの急発進時には衝撃を受ける。つまりスピードを地震時の震度、衝撃度はガルという単位で言い表せる。

直下型の地震や今後想定されるとされる関東大震災級の大型地震に際しても同様の現象が起きるかは不明だが、分厚い軟弱地盤の持つ特性の一つとして注視すべき事柄かも知れない。この衝撃減衰効果は、後にあらためて解説する。

5　調査範囲の戸建て住宅は傾斜以外の破損被害は認められない

被災直後の調査に際して確認したのは建築年である。埋立市街地の多くが建売住宅として販売されたことから、その年代は容易に推測できる。筆者の住むエリアは70年代末の開発地で、その後に建て替えられた家屋の多くは当時普及したプレハブ住宅で、その違いは一目でわかる。とはいえ、既存の家屋（旧耐震基準）も建て替わった家屋（新耐震基準）も、ほぼ一律に傾斜した。差異があるとすれば、傾斜した区域はある一帯に集中する。その意味では、建物の新旧では差異が無く、また、新たに建て替えられた家屋の多くは事前の液状化対策工事もそれなりに施されたが、ほとんど効果が無かったことも意味していた。

１９８１（昭和56）年以前の旧い建物は、筆者らの世界では2世代前の旧耐震基準に則って設計されたと評される。当然のことながら、壁量計算結果も新しい基準に合わせれば不足と判定される可能性が無い訳ではない。また基礎の鉄筋量も相対的に少ないはずで、換気口の開口部などにクラックでも発生していないか、という懸念が脳裏を横切った。

しかし調査結果は全くの問題なし、単純な傾斜計測結果に終始した。前述の他地区の一軒のみ増築部と母屋の接合部に破損を生じただけで、旧耐震基準の家屋群も含め、一様に傾斜は認められるも全棟無損傷の判定となった。内外壁のクラックも、瓦屋根のずれや落下なども全く認められない。

　見方を変えれば、前述のように液状化層も含む分厚い軟弱地盤ゆえの衝撃減衰つまり緩衝効果と言うべきものが存在した、と推論した。今回の地震は、長周期の形で緩やかに、かつ大きく揺れたことが被災翌日の住民ヒアリングからも伺えた。最初の地震初期にはガタガタと短周期の揺れが確認されたが、それが次第に長周期型の地震動となったようだ。そこに、旧い基準の構造とはいえ、短周期型の建物が義務付けられていたことが幸いしたことになる。これも大学時代に教わった建築構造力学の講義の記憶につながった。つまり、１００年近く前の関東大震災直後の調査結果そして建築構造にかかる基準の改定が功を奏したと言える。

　筆者の調査した範囲では、戸建て住宅建物は傾き以外の破損被害は皆無であった。しかし後に判明したが、宅内排水管の逆勾配、そして門扉や塀、擁壁、カーポートなどの傾斜の外構被害が認められた。加えて噴出土砂の掻き出し、そしてライフラインの途絶という大変な労苦があったことも既述した。しかしこういった液状化による被災はあっても、人命にかかわる重大事故にはつながっていない。これも大きな救いである。

6　沈下量の激しい場所が、ある一定の帯や範囲に集中している

被災地域には、ある一定の範囲の帯状に傾斜量が多いところが存在する。一方で全く液状化

の発生していない場所もあり、その離隔距離はわずか数十m程度で明暗がくっきりと分かれたかたちである。それは様々な要因が重なったらしいが、後の地盤工学の大学研究室の被災地地下水位調査で、ある傾向が確認された。地下水位の高いところに被害が集中したらしく、地表面は平らでも地下水位は浅いところで1m程度、深いところで数mという結果となった。

以下は筆者の推察だが、どうも地下水脈の存在と、それを堰き止める長い構造物の存在が、その差異を際立たせたのではないか。被害が集中するこの一角にはかつての堤防が残され、それが平面上にL型に曲がり、その一帯の地下水位が明らかに高かった。筆者も何カ所か立ち会った沈下修正の孔掘り現場で、その水位の差異を確認した。当初は不思議に思っていた現象だったが、それが地下水位の調査で裏付けられたことになる。

また地下深くの原地盤の固い海底の洪積層の複雑な地形によって、地震の波が大きく増幅されるとの説もあるが、支持地盤までの深さと液状化の発生状況とは符合しない。むしろ第一には地下水位の高いところでは、明らかに家屋の傾斜量が大きかった。次いで噴出土砂の量は明らかにかつての澪筋(みおすじ)すなわち帯状に深い場所が連なる部分に被害が集中している。澪筋とは埋立前の遠浅の時代に自然にできた水路跡や漁船が通るために掘削されて深くなった地形を指し、その部分は局所的に埋立砂が厚かったことも物語る。

それは後に公表された市の「浦安市液状化対策技術検討調査委員会」資料(前掲、注11)からも、液状化被災地一帯の地盤状況を伺い知ることができた。硬い岩盤層までは浅いところで40m、深いところで70m近くだが、地表面から概ね深さ5～10mくらいまでは浚渫土（Fs）層があるという。そして地下水位深度コンター図があり、これも実際の地下水位を必ずしも反映したものではないとの注釈付きながら、筆者が確認した家屋傾斜状況とは矛盾しない。とはいえ、ここでお伝えしておくべきことは、「沈下量の激しい場所が、ある一定の帯や範囲に集中している」との記述に留めておく。

7　砂泥の噴出口のある部分の沈下が著しい

特に気になったのが、道路際の電柱周りの噴出砂泥が異様に多かったという点である。地盤の組成からみて、1・5～10～12mくらいの深い層が液状化したと推定できるだろう。そのうち表層の1～1・5m位は比較的締まった表層土層だが、そこを突き破って砂泥が噴出した。電柱は地上高

写真2-3　沈下修正工事のための孔に湧き出した地下水と、向こうに見えるのは地盤改良杭。水位が高い地盤であることを物語る

15mクラスだと2・5m以上の根入れが必要とされる。それが今回の地震動で大きく揺れたのだ。またその細く高い柱の大きな振幅が、近接する家屋の屋根樋を壊した事例にも遭遇したし、電柱自体が大きく沈下し陥没した例もある。電線でつながった電柱群は地盤の挙動とは異なる揺れをしたことは容易に推察できる。地中で発生した間隙水圧が表層地盤を突き破り、そこに大量の砂泥が噴出したとみる。

一方で、道路の車道面は自動車の走行のために路盤も強固に固められている。アスファルト舗装面に地割れが起きたが、そこからの噴出は下層の路盤面が防ぐ役割を果たしてくれたようだ。弱い場所があるとすれば舗装面と側溝の境界部で、地震動に揺られ隙間から砂泥が噴出し、側溝が陥没した箇所もある。

相対的に弱いのは歩道部で、ここは車道部と異なり、薄いアスファルトで路盤も簡易式と言える。しかも舗装下には多くの供給処理配管類が埋められ、マンホールも随所にある。しかも敷設替えが繰り返される。ここが地割れして水が噴出した動画やマンホール類が浮力で浮き上がった画像はインターネット上で多くの方々が閲覧されただろう。人的被害が無かったことが救いだが、ここは敢えて相対的に脆弱につくられ、配管類の敷設替えを容易にしているとの見方もできる。

また建物の敷地内の砂泥噴出箇所の多くは隣地境界の背割線側に発生し、建物はその方向に大きく傾斜した。これは後に判明したことだが、地盤面にかかる建物荷重線が合成された部位、すなわち隣接する2つの建物の荷重が地盤に伝わる台形状の45度線が重なる部分ができる。その部分に液状化砂泥が噴出することは、力学を学んだ人には合点が行く。概して背割線側に建物相互が拝むように傾く現象はこれで解説できる。建物とともに表層地面も傾いたが、その双方の建物の荷重が大きいほど、沈下量は大きくなったと見る。

とはいえ、筆者宅も含め近隣家屋は前掲のように大半が大規模半壊に認定、すなわち傾斜量が比較的大きな部類となったが、砂泥の噴出量は意外と少なかった。それは埋立市街地の被災直後の写真を収録した『浦安市：ドキュメント東日本大震災　浦安のまち液状化の記録』[注12]から、筆者の住む町内の搬出土砂のボリュームは圧倒的に少ないことも読み取れた。

地震そして液状化も自然現象として捉えれば、地盤条件や地下水位などの様々な因子が重なり合った結果なのだろう。

8　液状化土砂の噴出を抑えるためには

被災直後に単独敷地での地盤改良工事を断念したことは前述した。とはいえ、液状化の発生を抑制するための方策の模索は、自宅の沈下修正の後も続いた。

たとえば、表層の締め固まった地面に大きな庭木などがしっかりと植えられている部分からの噴出土砂は、意外と認められなかった。これは以前からも竹藪や雑木林に地震などでも地割れが起きないと言われてきたように、樹木の根が地中で絡み合って土を保護しているからなのだろう。

戸建住宅地区を調査中、ご自宅の庭からは一切噴出物は出なかったものの、隣家から大量に砂泥が流れ込み、迷惑を受けたというお宅があったことは紹介した。建物の傾斜は周囲の住宅と同じで、たまたま建物の下の液状化層の砂泥と水が隣の土地から噴出したのである。

その意味では、出る場所を塞ぐような面的な地盤改良工法や、根張りの良い樹種を選定した樹林地とすべきとも言えるだろうが、これも団地または大邸宅地であれば、という条件のもとで成り立つわけで、庶民の小規模宅地であれば限界があるとみたい。

後に国の支援を受けた市街地液状化対策事業が始まり、各自治体単位で工法選定の技術検討委員会や実験が行われた。筆者もその実施に期待をかけたひとりである。当市では大きく2つの工法、連続地中壁工法と地下水位低下工法に絞られ、当市は委員会の最終答申を経て、前者を選択した。その予備調査段階での希望する家屋数は4千戸近くに及んだが、それは被災した戸建て住宅戸数（約9千戸）の半数以下に留まり、しかもその採用は1地区、33戸のみとなった。これも後述する。

なお、建て替えも含め、建物が存在しない敷地の場合、前掲の「サンドコンパクションパイル工法（SCP）」や「砕石ドレーンパイル工法（GD）」も含め、地震時に発生する間隙水圧を軽減するさまざまな工法が開発され、すでに実用化されている。とはいえ、前述した低層住宅団地のように面的な広がりを有する敷地では効果が認められるが、小さな戸建て住宅の敷地で有効か否かは何とも言えないのが本音である。仮にその工法を採用する場合の対策の深さ、つまり施工深度をどこまで行うべきかについては、地盤条件との関係で判断すべき事柄であろう。ちなみに筆者の住んでいる地域でアドバイスを求められた場合は、砂層の存在する範囲つまり10～12mの施工深度をお勧めしている。

その他、被災直後に市役所隣の文化会館だったか、土木分野の地盤工学のある権威ある先生が来られた勉強会を傍聴したが、敷地の境界線に鋼矢板を連続的に打ち込み、砂地盤を拘束すれば液状化は防げるとの説明をされていた。後に「市街地液状化対策事業」として道路と宅地を街区規模で提案された「連続地中壁工法」すなわち地盤拘束法の簡易施工版で、これも一理ある。しかし筆者としては、非液状化層にまで到達する必要があると解釈する。となると液状化層が10～12mもの厚さの場合の矢板長は10m超となる。それを隣家も迫った敷地で垂直に打設できる専門会社も限られるし、運搬車両も大型となる。また筆者は各地の建築工事の地下現場で鋼矢板山留工法を幾度も見たが、止水矢板の隙間からも水が浸透し、常にポンプで排出されていた。こんな仕掛けも必要となるのかも知れない。これを大規模に進めると「地下水位低下工法」となるが、これは地盤沈下の課題を抱え、結局堂々巡りで答えは見出し難かった。

その意味で、個々の戸建て敷地単位で液状化土砂の噴出を抑える工法は極めて限定されるはずだ。むしろ、液状化しても建物被害を最小限に抑えるか、復旧しやすい設計とすることも視野に入れておくべきなのかも知れない。

【注】

注6　日本建築学会編著・発行『小規模建築物基礎設計の手引』１９８３年発刊、87年改訂版、05年12刷

注7　「浦安市地震防災基礎調査報告書概要解説版」２００５（平成17）年３月、作成：浦安市総務部防災課、調査委託：国際航業株式会社

注8　吉井守夫（日本住宅公団）著「住宅公団浦安地区団地の基礎地盤改良工事について」『集合建築』№76、特集／基礎地盤改良工法 p.71-4、１９８０年10月

注9　サンドコンパクションパイル（ＳＣＰ）工法：地中に締固められた砂杭を形成することで地盤の圧密締固めと排水促進を図る工法で、１９５０年代から普及し、当初は振動式の動的締固め工法が主流であったが、90年代以降は非振動式の静的締固め工法が開発され、市街地での砂杭造成が可能となった。粘性土地盤にも適用可とされる。

注10　砕石ドレーンパイル工法（ＧＤ）：砂地盤中に砕石のパイルを設ける工法で、地震時に生じる間隙水圧の上昇を抑止する効果があるとされる。市街地など振動や騒音が懸念される場所での施工や既設構造物周辺での施工も可能な工法。注９が砂であるのに対し、砕石である点に着目されたい。

注11　浦安市市街地液状化対策検討委員会：２０１２（平成27）年２月から12月まで計６回開催され、２０１３（平成28）年３月に報告書（Ａ３判計６５３頁）が取りまとめられ、公開された。

注12　浦安市『ドキュメント東日本大震災　浦安のまち 液状化の記録』２０１２年８月、ぎょうせい

第3章　沈下修正を経験して悟ったこと

震災発生直後から、沈下修正つまり復旧に向けての知己への相談、資料収集要請、様々な学会発表論文や各種工法資料の分析、関係工事会社そして専門家へのヒアリング、市民勉強会での意見交換、そして被災者宅の訪問調査や相談を繰り返してきたが、筆者なりに悟ったことは次の通りである。

1　液状化による再沈下が起きた時に困らないようにしておくべき

一度液状化した土地は締め固まり再液状化しないという説が、当初被災地でまことしやかに囁かれてきた。しかし現実には、国内で過去の複数回の地震で再液状化した事例が幾つか報告されている。１９２３（大正12）年の関東大震災時に液状化したと推測できる噴出砂泥の記録があるし、首都圏近傍の地震の際も、小規模ながら液状化した痕跡は各地で認められてきた。近世の江戸期の地震記録からも、液状化らしき現象が数多く捉えられているようだ。

市内の旧市街の元町では、１００年前の関東大地震の際には小学校の校庭が地割れし、高く上がった噴砂が目撃されたと記録に残るが、今回は全く発生していない。時間の経過の中での地盤締固めの進行が功を奏したのだろうか、それとも地震動の周波数との関係で幸運にも被害が出なかったのか、それは全く不明の領域なのだろう。

液状化のメカニズムは、通常は砂粒同士がかみ合う形で重なり、その間が地下水で満たされた状態で安定していたものが、ある一定範囲の周波数の地震動によって砂粒間の摩擦力が失われ、流体に変化することで、その流体が地盤を突き破るだけの圧力を増していく。専門用語では間隙水圧とも言うが、その圧力で地面が突き破られて噴出することらしい。

その対策は、家屋が存在するなかで、またそれが戸建て住宅地などの小割の状態では難しい。その意味では再液状化は起こりうると考えるべきで、備えをしておくことが肝要と言えよう。再液状化への備えとは、再液状化を抑制するための地盤改良方法の選択と、もしそれが起きた場合の再度沈下修正が可能な工法選択となるが、それは建物の補強につながる話でもある。

薬剤注入工法によって再沈下を抑制できるという一部の沈下修正会社のアピールに共鳴し、その工法を採用された方も少なくなかったとも伝え聞く。筆者が目撃した工法は、ポンプ車と長いノズルの機械を用いて地盤の固化のための薬液を道路側から注入する光景だったが、作業員さんに聞いてみると、「施主さんから地盤改良の依頼だと聞いたが、地先道路の片側から加圧注入するには限界があるし、効果があるかは不明」との回答だった。注入角度からは敷地中央部の浅層を狙っているようで、液状化で噴出した背割り線側に届くようなノズル長ではない。

とにかくタンク一杯の注入剤を地中に加圧注入されたことは確認できたが、その行先つまり固まった範囲を確認するすべもない。

2　どの沈下修正工法も一長一短、建物構造と地盤条件、費用を勘案し決定すべき

沈下修正工法は百花繚乱の如く、当時の被災地内の戸建て住宅の町内には新聞折り込み広告が、とりわけ未着工のお家にはチラシが頻繁に投げ込まれる状況となった。それがＮＰＯ設立の契機になった経緯もある。

震災直後には沈下修正工事会社は数えるほどだったが、数カ月後には全国各地から様々な職人集団から先端的と称される地盤改良会社まで、大勢の方々が参集された。その提案された工法は、伝統的に受け継いできたジャッキアップ工法から、最先端とされる膨張剤工法など、実に千差万別だった。それを素人目にその利害得失を見抜くのは難しい。筆者に寄せられた相談の多くは、既に見積もりを取られた後の工法選択であった。また専門雑誌やインターネット上で専門家筋から工法別の解説が寄せられてきたが、それはあくまで一般論で、それぞれの建物の状況や地盤条件等によって異なる、ということまでには至らず、まして後述する揚げた基礎と残された地盤の間の空隙の処理法など解説の範囲外、つまり事後の不等沈下対策にまで言及されたものは見当たらなかった。

筆者なりにアドバイスしたのは、①被災建物の構造にあった工法を選択すること、②沈下量によって工法は大きく異なること、③水平化に至る一時の工法よりはそれを安定させるための工法、つまり揚げた隙間を充填する工法も重要であること、④再沈下はあり得ることを考慮し、その際にもう一度行ってもらえる信頼のおける業者であること、⑤見積条件がリーズナブルな内容となっていること、つまり見積上の追加項目がありそうな場合は注意されること、を挙げた。あとはどの業者の弁を信じるかは、ご本人が納得して信じられる工法を選択されるしかない。

記憶に残る相談例では、見積金額がA工法では200万円、B工法は500万円、C工法は1千万円、いずれもしっかりした不動産屋さんの関連するリフォーム会社の工事見積もりだったが、実際に施工する下請けの沈下修正工事会社が異なるだけ、つまり工法選択による工事期間や使用機材の違いであった。そのケースでは、筆者なりには建物設計図面を閲覧してA工法を推奨した。

また別のケースでは、将来的な安全重視で約2千万円以上もの費用を要したとの話もあるが、これはすべて地震保険で充当できたとも伝え聞く。

このように、工法選択によっては修正費用が大きく異なる。一方で、工法選択による費用の差はあるが、沈下量の多寡による費用差は意外と少ないことも付け加えたい。建物を持ち上げるための事前の反力の確保が最優先課題となり、その手間は概して変わらないことも知った。

3　沈下修正工事と再液状化防止の地盤強化は別もの

そして筆者宅も沈下修正に並行して再液状化しないような対策を施すべく、専門の地盤改良会社の聞き取りを行ったうえで、最終的に費用対効果の面で断念した。とりわけ一番の決め手となったのが、筆者の仕事上のお付き合いのあった地盤改良を専門とする会社の方の一言だった。

「先生のお宅の写真を拝見すると、境界には隣家が迫り、積算以前の話として、そこに薬液注入するには鋼矢板を事前に打ち込むか、または隣家の方に承諾を取らないとまずいんですよ。地中の砂の中にはどこに注入薬液が流れ、どこでどう固まるのかも私たちには保証できないんです」。そして「鋼矢板を打ち込むための重機は建物が迫っている場所には入れませんし、隣家の軒を壊す危険性もあります」。加えて「厚い砂層をどの深さまで固めるか判らないでしょうから、何とも費用の見積もりもできません」。とにかく膨大な費用がかかることは即座に判断できた。

そして追加された話では、深い地盤にまで届くような鋼矢板も作れない訳ではないが、住宅地の道路幅員では4トントラックが限界で、その荷台の大きさから長さが限られ、現場溶接など大掛かりな工事になるうえ、地中深く垂直に矢板を打ち込める大型重機を使用することは住宅街では不可能とか、またそれに対応する注入機材を所有している会社は心当たりの範囲では無い、との解説もあった。

これは被災から1年後に発案された市街地一体化型液状化対策事業の地中連続壁工法用に開発された小型機械により克服されたが、これも隣家との境の部分に連続的に止水壁を構築する工法自体が個人で対応できるものでもない。いずれにしても沈下修正と再液状化を防ぐという理想の工法を探ることの困難さを悟ったのが、被災から1週間目のことだった。その前に軟弱地盤の改良工法について様々な学会等の資料を検索閲覧したが、いずれも建物が存在しない更地で対応できるものばかりなのである。

詰まるところ、家屋の沈下修正工事と再液状化防止の地盤強化は別ものと達観したのは、上記のプロセスを経たがゆえの結論だった。

4　建物の本体・基礎構造と工法選択は大きく関わっている

木造家屋の場合、その建物荷重はコンクリート基礎を介して地盤の上に置かれるように設計されている。モンスーン気候帯に位置するわが国では、地面に近い部位は湿気が高い。腐朽やシロアリなどの被害を避けるべく、木部土台と地面との間にコンクリートなどの固い基礎が設けられることが今では一般的である。それが「布基礎」構造、「べた基礎」構造と呼ばれる基礎構造である。かつての日本建築は玉石の上に載せるいわゆる「独立基礎」構造や、もっと古くは木の柱を地面に突き刺す「掘立工法」が採られた歴史もあるが、これらは新規の一般住宅にはほとんど採用されていない。すなわち１９３０年代以前の建物は「独立基礎工法」が一般的な工法とも言えるが、１９２３（大正12）年の関東大震災の翌24年の市街地建築物法改定で耐震基準が導入され、戦後の50（昭和25）年の建築基準法の制定で地震力に対する必要壁量の考え方が導入され、71（昭和46）年の同法改定で木造基礎はコンクリート造「布基礎」と規定されてきた。

そして76（昭和51）年の改定以降は、コンクリート基礎には鉄筋が使用されること、つまりＲＣ造基礎となり、また２０００（平成12）年以降はより強固な基礎となる「べた基礎」が主流となった。

一方で国内各所に残された古民家や神社仏閣など伝統的な木造建築物では、基礎と柱を固定させない独立基礎工法が長く用いられてきた。玉石基礎の上に直接柱を立て、大きな地震などの大きな揺れの場合には、基礎から柱が離れることで建物の倒壊を防ぐ役割を果たすとされる。そのため、国内各地に伝統的な曳家さんが存在し、ずれた柱を戻す工法が伝承されてきた。戸建て住宅もコンクリート基礎の「布基礎」「べた基礎」になり、その技術が「揚げ舞い工法」や「耐圧盤工法」へとつながったようだ。それが膨張剤等の「注入工法」、「アンダーピニング工法」などへとバリエーションが増えたことは、進化とも言えるだろう。

建築構法も進化したなかで、伝統的な曳家さんが少なくなったとされる。そのなかで、今回の液状化被災地に続々と参集されたことは実に心強い限りであった。また被災直後にインターネット検索で国内の曳家さんで組織された一般社団法人日本曳家協会やほかの団体(注13)など、国内にはそれなりに曳家技術が残され、技術進化の結果が大規模なビルの曳家や免震工事の際の縁の下と力持ち的存在となっていることも、新たに知り得ることとなった。これも後述する。


さて、筆者宅の水平化すなわち沈下修正工法として迅速かつ着実な工法として選択したのが耐圧盤工法となった。いや地盤条件と沈下量、費用なども勘案すると、その工法しか無かったとも言える。当初は建物全体を油圧ジャッキと枕木を用い、地面から1m以上も浮かせ、その下で再液状化を防ぐべく地盤改良を別の専門会社にお願いするというシナリオまで相談した。それは可能との返答だったが、単独での地盤改良工法の断念の経緯は前述の通りである。

沈下修正会社さんより提示されたのは耐圧盤設置が14か所だが、その孔掘りは複数同時には行えない。つまり1か所ずつ、それも2人一組でひとりが基礎下部に潜り耐圧盤を作る、もうひとりが掘削土の搬出と耐圧盤上部に敷き並べるコンクリートブロックの運搬を繰り返す。その耐圧盤構築は目標反力が確保されるまで続くが、その必要日数は地盤次第とのこと、液状化発生後の工事としては第一号ゆえ、安全側に工程が示された。そこで筆者なりに基礎耐力を読んで、耐圧盤設置を半減し、工程短縮と再液状化の際の余地を残すことを提案した。工事見積金額に変更なしでゴーサインとなった。詳細は後述するが、その全体の目標反力の確保は意外と早く、着手から19日で水平化まで完了した。

その他、小規模な沈下修正工事会社では、孔の中にコンクリートや固化薬剤を注入もしくは流し込み、耐圧盤上部に小型の油圧ジャッキを置いて基礎ごとじわりじわりと揚げていく。これも実に繊細な作業となる。

また町内各所で採用されたのが伝統工法の揚げ舞い工法で、これは比較的小規模な沈下修正会社の手による。これは建物のコンクリート製布基礎やべた基礎部分と木製土台の間を爪付きジャッキで揚げていく。その事前にアンカーボルトのナットを外すなどの難しい技が必要となり、多くが床下に潜る作業となる。他に床下の基礎に孔をあけて発泡式のウレタン樹脂やセメントなどの膨張力で基礎ごと持ち上げる薬液注入工法なども採用されている。

このように、様々な工法を有する沈下修正会社が各地から参集されたが、工法選択は、建物の本体構造や基礎構造と大きく関わってくることは言うまでもない。

5　プレハブ住宅は型式構造適合認定ゆえ、基礎部の改変には留意されたい

そのなかで筆者がアドバイスの際に躊躇したのが、プレハブ住宅といわれる範疇の住宅家屋

である。今では東日本大震災の「液状化」の経験から、その対応マニュアルも用意されていると信じたい。しかし当初は各社の動きは実に鈍かった。しかもプレハブ住宅と言っても、木造から軽量鉄骨造そして軽量コンクリート造まで様々な種類が存在する。多くの部材が工場製作品で、勝手に在野の建築士が関わることも、または大工さんや沈下修正会社が勝手に手を加えることは許されない。液状化発生に伴う水平化工事に際しては、建屋全体の型式構造認定がなされているがゆえに、基礎部も含めて当該メーカー以外が手を加えることは難しいのである。

プレハブ住宅は規格品として量産されているがゆえにモデルルームも用意され、完成のイメージもつかみやすく、とりわけ現場の建設工期が短いことが好まれてきた。それが普及した最大の理由とも言えよう。

しかし、いずれのメーカーも以前の地震時の液状化復旧の経験がなかったのか、比較的大きな組織で社内共有が図られなかったのか、意外とその対応に時間を要したことも書き残しておこう。それも各社で異なるが、概して作業を担当する技術者集団の確保には苦労したのだろう。

プレハブ住宅の場合、国（国土交通省）の建築基準法施行令に規定する型式適合認定、厳密には1973（昭和48）年の「工業化住宅性能認定制度」に基づき、構造性能はじめ断熱性能や防火性能などに関しては、国の外郭団体からの建築基準法上の「型式適合認定[注14]」を受け、地方自治体の建築確認申請の際の個別審査が省略される仕組みとなっていた。その仕様等はメーカーごとに異なり、これを勝手に改変することは許されない。その性能維持のために、建主とメーカーとの間でのメンテナンス契約が存在する。それは中古での取引でも継承される決まりで、その意味では第三者はメーカーの承諾なしには沈下修正工事に手出しできないはずと認識していた。それは、市井の建築士が関わる場合でも同様なケースに該当する。つまり建物が一般工法住宅なのか、プレハブ工法認定住宅なのかで、対処方法が異なることとなる。

そのなかで、被災者のなかには健康被害の点も含め、しびれを切らして近隣に関わった沈下修正会社に依頼し、メンテナンス契約が解除されるなどの報告もあった。一方で、メーカーに沈下修正を依頼したはずも、外周部の基礎コンクリートの垂直面に大きな穴をあけ、そこから作業員が出入りし、その復旧も簡易な形となったケースも目撃した。つまりメーカーによって基礎の底盤形状もべた基礎、布基礎と異なり、木造、木質パネル造、軽量鉄骨造、軽量コンクリートブロック造など様々な構造・工法が入り混じるなか、広範囲の液状化被害を想定したマニュアルが用意されていなかったものと推察する。

とはいえ、今回の震災での技術蓄積が次なる液状化に生かされるはずで、液状化の危険のある地域に住宅を建てられる方には、事前にメーカーの技術陣に確認されることをお勧めしたい。今回の液状化被害にほとんどのメーカーが遭遇し、その経験は受け継がれているものと期待する。

加えて、プレハブ住宅の型式適合認定の関係で、沈下修正は建物の基礎から揚げていく工法にほぼ限定されるとみる。その場合、後述する耐圧盤やアンダーピニングなどの手法で、反力確保のための事前工事が不可欠で、沈下量の大小に関わらず一定額は必要となる。すなわち事前の反力確保が完了すれば、その揚程の多寡はあまり工事費用に影響しないということに通じる。筆者が相談に乗ったプレハブ住宅にお住まいの方の沈下量は最大10㎝、1％程度だったが、メーカーの見積額が意外と高額だったゆえに、「とりあえずこのまま傾斜は我慢して住み続けます」とされた例もあった。その後どうなったかは確認できていないが、健やかに過ごされていることと思いたい。

一方で関西の知人は、１９９５（平成７）年の阪神・淡路大震災の際に自宅が傾斜するも、いまだにそのまま住み続けているとの話を直接聞いた。そこがプレハブ住宅か否かは確認していないが、いずれにしても傾斜住宅に住み続けるという感覚は、個人差のある話と言える。

6　比較的見落とされがちな地中の設備配管にも注意

インフラの途絶、なかでも汚水管の破損を経験されたお宅も少なくない。住宅が大きく揺れて、隣地側の狭い隙間から勢いよく砂泥が噴き出したことは解説した。その狭い隙間に埋められた配管類が何らかの損傷を受けていても、不思議ではない。

筆者宅が沈下修正の際に採用したのは耐圧盤工法だが、事前に地中に埋められていた配管類は根本的に整理し、可能な限り事前に建物基礎に抱かせることで、掘削の際の邪魔にならないようにした。その対象は、①雨水排水管、②ガス管、③上水道管、④太陽光発電用電線管、の4系統である。地中の汚水管は新築の際に塩ビ製としたが、極力家屋床下内配管として屋外配管ルートを最短にしておいたことも功を奏した。さらに当初の建て替え新築工事に際して、万が一の地盤沈下に備え、設備工事会社が水道管などは可撓(かとう)式の配管としていた。水道管やガス管接続は建物際でアルファベットのZ字形に折り込まれ、多少の揺れや傾きには対応できる仕組みとなっていた。

設備配管が露出する様は見てくれは悪いが、設備配管は建物維持に必須な存在で、その劣化状態も目視で確認できる。つまり再沈下の際の心構えができたとも言えよう。とりわけ設備配管類の寿命は建屋より短い。おおむね15~20年ごとには取替えが望ましいとされる部位で、表に顕れたほうが目につきやすいうえに、更新も容易となる。それは再液状化の際にも有利に働くとみた。

この話に共鳴された一軒が、同様に沈下修正の際に布基礎に沿って配管を露出されたが、他には確認されていない。実際、多くの傾斜した家屋が沈下修正に際して、敷地内の狭い隣地境界側の掘削、そして露出、水平化、埋め戻しという工程を経験されている。そのための事前対策も重要な事柄となる。

ともあれ、筆者宅近傍のインフラ復旧は、電気は被災翌日に、命の水とも言うべき上水は3週間後に復旧した。その時はまだガスは途絶したままだったが、屋根の太陽熱温水器に水を送り、お湯が造れ、簡易のシャワーにはどうにか対応できた。浴槽のなかでシャワーを浴び、溜まった水を電動ポンプで排水した。お風呂の残り水を洗濯水として利用するほか、夏場の庭の灌水に用いるべくＤＩＹ施工の床下に這わせた配管とホースが活躍した。まさかこんな仕掛けが生きるとは想像もしていなかった。雨水も２階のベランダに大型の貯留桝を置き、それが１階の庭先に導水され、大きな水瓶の上に付けた蛇口から落ちる仕組みとしていた。これも作業で汚れた手を洗う際には役に立った。

結局下水の復旧は被災後４週間となったが、その時に環境共生住宅の価値をあらためて確認することとなった。この話は当時取材されたある建築雑誌に「震災に強い家」として紹介された。

ちなみに近隣の下水管の障害の多くは、旧来方式の陶製土管のつなぎ目から砂泥が侵入したことに起因する。当然、沈下修正工事に先立って、より可撓性のある塩ビ管等に取り替えを進言したことは言うまでもない。

7　沈下修正に関わる様々な問題点

前述のように沈下修正工法には様々な工法があり、建物を設計された建築士の方に改めて相談されることをお勧めしたいが、このような経験を有する建築士は極めて稀だろう。そのような中で、沈下測定後の修正工法すなわち水平化の工法も、全国から駆け付けた職人さんや工事会社によって、実に多種多様の工法が使用されていった。

筆者の役割も初動期は計測が主な内容だったのが、後半にはどの工法を選択すべきかといった点に加え、沈下修正後の問題解決へのアドバイスが続いていく。被災者も、近隣で展開される修正工事を観察しそこに依頼されるケースや、建て替えた家では元の建設工事会社を経由し、沈下修正を行う職人さんへ、または直接など試行錯誤状態であった。運よく工事を引き受けてもらっても、建物に大きな問題を抱えることも露見してきた。

また、市内の埋立地は計画的開発がすすめられたが、その開発から30年程度の時期の被災であったがゆえに、当初からの建売住宅や建築条件付き住宅も多く、各町会単位で採用される工法が偏りがちとなった。建て替えされた住宅もそれなりの比率に上ったが、事前の地盤改良の有無も含め、実に多様な戸建て住宅地の風景があった。そういった戸建て住宅の9千戸近くが被災し、そこに100社以上もの沈下修正会社が集結し、その採用工法も様々であった。まさに百花繚乱、それは実験場とも言うべき状況となった。

こうしたなか、市内在住の建築や土木を含めた専門家や学識者などが集まり情報交換会が幾度か開かれ、被災1年後には有志による期間限定のNPO設立に至った。

その中で幾つか気になるケースに遭遇した。例えば、沈下修正後に「何かおかしい」とのことで調査依頼に床下に潜れば、見積もり工法と採用工法が異なるケースがあった。薬液注入が途中まで、残りは揚げ舞い（コンクリート基礎上部の木土台を揚げて調整を図る工法）が随所で見つかったのだ。つまり微妙な床レベル調整を注入工法で行える経験豊富な技術者が足りなかったのだろう。まして注入後に不等沈下したことも、建具の不具合から読み取れる。にわか仕込みの手による注入工事だったわけで、最後は揚げ舞いに頼ったものと推定した。運よくその工事会社担当に直接確認できたが、隣家が迫った場所での薬液注入は会社の方針で断念したとの話でもあった。

別の相談ケースでは、いったん水平化は完了したが、隣家で行われた膨張式の薬液注入工法の影響で家屋の基礎が持ち上がったとの知らせがあり、現地に赴き計測すると、確かに傾きが認められた。隣家の沈下修正工事会社もそれを把握し、すでに掘削が行われた状態で、薬液の流れ込んだ経路も判明していた。その筋状の薬液痕は、地中で木の根のように地面の割れ目を伝って用地境界線を越え建物下まで侵入してきたことを物語る。それが末端部の家屋基礎下で塊となり、膨張圧力で家屋の一部が持ち上げられたらしい。

隣家の工事はプレハブメーカーが元請となり専門作業会社が作業するという構図で、再度の水平化工事となった。結果として該当のお宅は2度の沈下修正を経験されたことになる。筆者宅の被災直後に相談した地盤改良工事専門会社からの、地盤改良の際の隣地境に鋼矢板を打ち込む必要性の指摘は、ここに集約していたような気がする。

また筆者なりに深刻と考えたケースも紹介しておこう。揚げ舞い工法での事例である。

基礎と土台をつなぐ鉄製アンカーボルトのナットが外れた状態が放置されるケースや、アンカーボルトが切断されたままに放置されるケースに遭遇した。また、前掲のプレハブ住宅の項で紹介したケースもあれば、コンクリート基礎を斫ってアンカーボルトが露出した状態で水平化され、沈下修正後にモルタル補修と塗装でしのいだケースにも遭遇した。

該当の沈下修正会社は、「昔の日本家屋は玉石基礎に置かれても全く問題ない。アンカーボルトが無くても建物は簡単には壊れはしませんよ」との明確な主張を述べられていた。新たな建築基準法では、コンクリート基礎部と木部の土台とを筋結することで、地震時の揺れや台風時の吹上荷重に耐える構造となっている。それには縁のない職人さんだったのだろうが、市内各地で受注されて多くの実績も挙げている。事後の相談を受けたお宅に伺い、その見分を行ったが、床下に潜れば、詰め物が木片や粗っぽいモルタル詰めという事例もあった。果ては揚げる作業は手動の個別ジャッキだったためか、建物内部に随所に歪の痕跡が認められた。

他の家では作業中には窓枠が大きくゆがんだとの報告も受けた。ここも床下に潜れば、実に手荒な作業の跡が見受けられた。

また耐圧盤工法や薬液注入工法では、修正後のコンクリート基礎と地盤の間の充填剤不足などによる不等沈下で建具の締まりが悪くなった等々、実に様々な問題が発生し、その都度相談依頼が舞い込んだ。多くは沈下修正を行った工事会社立ち合いのもとで、再修正依頼となったが、結局は大半が揚げ舞い工法つまりコンクリート基礎上部の木製土台をジャッキで持ち上げての微調整となった。また揚げ舞い工法完了後の検査を依頼されたが、案の定アンカーボルトの切断が放置され、実績のある工務店に別途発注してもらい、土台と基礎の緊結金物で補強した。

ある意味では沈下修正工事会社の資質、経験不足の問題が内在していたことも、事後報告ながら書き残しておきたい。これらも異常に気付かれた方の一報で判明したが、そのまま知らずに住み続けている方々も少なくないだろう。筆者なりにまとめた沈下修正工法ごとの課題解説は後述する。

8　水平化完了後の詰め物の工法の方が大事である

多くの方は揚げるための工法にばかり注目されたが、揚げるのは一時のことである。実は揚げて固定するための詰め物の工法、つまりきちんと隙間なく充填されるかが重要なはずが、これが意外と知られていない。

揚げ舞い工法の以外の場合すなわちアンダーピニング工法や耐圧盤工法などは、地盤面と建物コンクリート基礎とを切り離し、建物ごと沈下した部分をジャッキで持ち上げて水平化に至る。その断面上には、三角形の隙間すなわち空洞が一時的ながら発生する。仮に沈下量が最大20㎝とすると、三角形状の隙間の高さは０～20㎝となる。ここに上手く入り込み、長期にわたり撓(たわ)みを解消させる詰め物が求められるのだ。

この選択も工事会社によって様々で、これは経験則の世界と言っても良いし、その進化の過程がここに大きく凝縮されていると見る。

筆者宅も沈下修正を検討する過程で、意外と重要な要素が詰め物の素材や工法検討だったことに気づいた。筆者宅の沈下量は最大40㎝、つまり0～40㎝の詰め物が必要である。コンクリートなどの比重の高いものを用いると逆に地盤の圧密沈下を誘発するし、建物の重量バランスにも影響する。流動性が高すぎると砂層の中に浸透し、結果として上部に空洞が発生するかも知れない。しかも骨材サイズによっては浅い部分には注入されず、そこに空隙が残る。行き着いた結果が、トンネル工事の岩盤と筒状のＲＣ躯体の間に注入する発泡性のコンクリートだった。

これは発注した沈下修正会社がすでに採用され、その実績も豊富にあるとの話で、取り越し苦労に終わった。ここでは、空隙を埋めて行くだけの発泡力があるエアモルタルという素材と、それがきちんと充填できたかをチェックする方法も採用されていた。細いパイプを端部に何カ所も設置しそこから噴出すれば、行き届いたことが判る。泡状の空気が大量に含まれ、固まると軽石のようになる。軽量で荷重は概して増えない。経験も豊富とくれば案ずることは無い。

会社の役員さんに話を聞くと、かつては隙間充填に高流動性のコンクリートを流し込んだという。これは重く収縮率もあるため上面に隙間ができやすく、これを克服するには周到に流し込まなくてはならない。高流動の無収縮モルタルも使ったそうだ。それが近年の技術開発のお蔭で、このような理想の詰め物が用意されていたという。筆者なりには、再沈下した際はそれを斫ればそこにジャッキが据えられる、というのが選定した理由でもあった。

仮に空隙が残れば長期荷重で床に撓みが発生するのは必定であろうし、それが原因で建物のひずみがより激しくなる。それが長い時間の中で進行していくおそれは多分にある。そのような見方をすれば、沈下修正工法だけでなく、採用される詰め物の素材や工法に注目されることも必要なのである。

9　沈下修正工事に伴い内外装の補修が必要な場合もある

建物の沈下修正工法と建物の剛性の関係で、揚げている際に建物側の歪みが発生し、内装にクラックが発生する事例が少なくない。そのため、工事会社によっては内装改修費が計上されている場合もあるが、無い場合は別途追加工事が必要な場合もある。これも契約条項にどう記載されているか、確認されることをお勧めしたい。

これは建物の基礎も含めた構造と揚げ方の関係で決まる要素で、できればその工事会社が手掛けた、似た構造の建物の事例を見せてもらってから発注することも必要かもしれない。

床の軋みがあれば、床下の根太や大引、または基礎が下がっていることを意味している。多くは工事会社で完成前に調整するが、基礎裏面に空洞がある場合や、埋戻し土の圧密沈下、薬液注入による膨張固化剤および周辺の変形などの長期にわたる建物歪みが発生するケースも想定される。その意味で、本格的な内装改修は落ち着いた時期にされることをお勧めしたい。

また歪みは内装だけではなく、外部サッシや外壁に及ぶ場合もあるため、工法や工事会社の腕で大きく差が付く点とも言える。その場合、防水コーキングなどの外部工事が必要となる。とりわけ事後の改修を担当される建築士の方には、どのような沈下修正工事が行われたのか、残された施工計画書などの記録を確認したうえで、内装改修または耐震改修に当たっていただきたい。とりわけ基礎部の点検を怠らないよう留意されたい。

【注】

注13　一般社団法人曳家協会：１９９７（平成９）年に設立され、古くからある「曳家」技術の周知、普及と、「曳家業界」の拡大、発展を図り、「曳家知識、技術」の改善、向上を目指すとともに、その目的に資するため活動する団体（技術者集団）で、２０２３年現在国内の60社近くが加入。その他「真日本曳家協会」等の別団体も組織され、同様に沈下修正だけでなく、重量物の移動（曳家）、嵩上げ（揚家）免震工事の際の支援工事などを担当する。

注14　型式適合認定：建築基準法（昭和25年法律第２０１号）第68条の10第１項の規定を受け、同法施行規則（昭和25年建設省令第40号）第10条5の3第1項の規定に基づき、同一の型式で量産される建築設備や、標準的な仕様書で建設される住宅などの型式について、一定の建築基準に適合していることをあらかじめ審査し、認定される。型式適合認定を受けていれば、個々の建築確認時の審査が簡略化される。

第4章　建物ジャッキアップのよもやま話

話題は変わるが、筆者の被災直後の活動に力を与えてくれた国内外の話を紹介しておこう。それは筆者の傾斜したデスク上のパソコンに向かって友人からのメールを確認し、その添付資料のなかにあったのが、既往地震での沈下修正記録であり、そこにジャッキアップされた建物の状況が記されていた。それは被災前年にシカゴを訪れた際に見た1850年代の細密画であり、また東京・本郷（文京区）の東京大学の龍岡門の門柱移設や、過去の曳家の光景の記憶とも重なった。これこそ被災地域の復旧・復興への光明というべきものだったのだろうか。

1　シカゴ川沿い街ごとジャッキアップ

被災の半年前、2010年10月に、アメリカ中西部の摩天楼都市として知られるシカゴのまちの市庁舎を訪問した。その主たる目的は、民間セミナー会社企画のアメリカ水辺再生視察ツアーの団長役として、いまは水辺再生で知られる「シカゴ川再生計画」の現地確認と最新資料入手、そして関係者ヒアリングであり、総勢20人近くだったと記憶する。筆者にとっては30年ぶりのシカゴの再訪でもある(注15)。

現地ではまず、シカゴ市の担当者に導かれ、庁舎プレゼンテーションルームでのPPTを用いた説明が始まった。その冒頭、開拓時代(1830年代)以降の解説のなかに、50年代末から60年代に川沿いのレイク通りを中心とした「シカゴ川沿い街ごとジャッキアップ」という、シカゴ川岸の建物群を一斉に持ち上げる壮絶な街づくりのストーリーがあった。そのときは何も気にせずに聞き流したが、この話がわが身そしてわがまちの復旧に参考になるとは思いもよらなかった。

被災直後にその細密画を思い出し、あんな重い建物が揚げられるんだったらと、大いに励ましとなる。あらためてインターネットで調べてみた。建物を一斉に揚げていくことは共通しているが、いくつか異なる点がある。ひとつはその建物の沈んだ理由だが、シカゴでは重い建物が河口部の砂泥質の地盤上で徐々に圧密沈下したらしい。それに対して3・11湾岸埋立地では、戸建ての小建築物が地震によって引き起こされた地盤の液状化によって砂が噴き出し、一気に傾いてしまった。しかもその被害は東京湾岸地域の広範囲に拡がった。加えてジャッキアップの目的も大きく異なる。まずは筆者なりに調べたシカゴの話を紹介する。

シカゴはアメリカの中西部に位置する人口約270万人、全米第三の大都市である。中心部はミシガン湖につながるシカゴ川沿いにあり、先住民族が川を行き来して毛皮などの交易を行う拠点のひとつだったらしい。その河口部の平坦地に入植した開拓者が新たなまちを拓いたのが1833年、当時は50人足らずだったとされる。その後、多くの入植者を迎え、河口部両岸（南北）の平坦地に格子状の街割りを行ったのを機に、50年代には人口3万人、70年代には30万人、90年代に100万人と大きく発展する。その繁栄の歴史を支えたのが、河口部の港湾機能である。五大湖からセントローレンス川を経由して北大西洋につながり、アメリカ大陸横断の陸路との交通結節地つまり中継地として、大きく発展する。

1848年のシカゴ商品取引所（CBOT＝Chicago Board of Trade）の開設を機に、この街はビル建設ラッシュを迎える。その繁栄を支えたシカゴ川沿いには3〜5階建ての木骨石造や木骨レンガ造の建物群が建ち並ぶようになり、補強したはずの地盤も、その荷重に耐えきれずに沈下していく。それは水害の頻発に加えて、水はけの悪さから衛生上の問題を惹起せしめ、54年のコレラの発生がその事態を急変させる。

そこで街の有志が立ち上がり、川沿いの南岸一体の通りに面する半ブロック（半街区）単位で街並みを一斉に持ち上げる提案を行った。それに賛同する建物所有者が加わり、市役所の保健衛生担当主導で、3〜5階建ての街並みが相呼応する形で持ち上げられていく。最初に実施されたのが58年、それを機に60年代にかけて一斉に進められた。

リフティングにあたっては下水道管の勾配確保が最優先とされ、道路と街区全体の嵩上げすなわちジャッキアップが行われた。その最大揚程は14フィート（4・3m）であり、それに沿道建物も追随した。その高さは当時の地元新聞の細密画では、ほぼ建物一層分に相当する。前

写真4-1　シカゴ川南岸の嵩上げされた道路と面する近代的な建物群。後のシカゴ大火で建て替えられ、20世紀以降は超高層の街並に変化した

写真4-2　シカゴ川南岸の賑わい風景。川沿いの店舗の壁裏には旧地盤レベルに築造された自動車専用のロウワー・ワッカードライブが走る

面道路も嵩上げされ、それはシカゴ川に流出していた排水を新たに建設される処理場に導くための都市計画と言ってもよい。

それまで汚水はシカゴ川を経てミシガン湖に流れ、一方でシカゴ市民の飲用水の取水口もミシガン湖の沖合にあった。内陸側に新たな処理場が建設され、そこへの自然流加のためには道路も含めた地盤の嵩上げが不可欠だった。その処理水も別水系のディス・プレーンズ川に放流され、最終的には内陸側の山を掘ってミシシッピ川に繋がる水路（運河）に導かれる。これは19世紀の土木技術の偉業「シカゴ川還流」と称えられ、ミシガン湖とシカゴ川の間に閘門を設けて水位調整を行いつつ舟運を守り、かつシカゴ市民の健康問題の不安解消にもつながった。その契機となったのが「シカゴ・リフティング」と呼ばれた嵩上げ事業で、着手から半世紀近く後の１９００年に全体の完成を見る。

ミシガン湖に流れ出る市街のゴミや工場排水はミシシッピ川に導かれ、南部の州を経由してメキシコ湾へと至る。これを機にシカゴは北大西洋から五大湖、シカゴ川、ミシシッピ川を経由し、メキシコ湾、そしてカリブ海方面へとつながる水運ルートを完成させた。そこに19世紀から20世紀にかけての大陸横断鉄道の開通も含め各方面からの鉄道の乗り入れが進み、シカゴは水陸の物流や人流の一大結節点となった。その後の発展の基盤はこの時代に造られたことになる。

当時の新聞紙上に掲載された細密画を凝視すると、巨大なジャッキが用いられている。インターネット検索で出てくる「リフティング・オブ・シカゴ（Lifting of Chicago）」そして「レイジング・オブ・シカゴ（Raising of Chicago）」なる細密画と解説には、意外と簡単にアクセスできる。それはウィキペディアに紹介されているだけでなく、現地の建物案内サイトにもいくつか記載されていた。その画像の多くは地元新聞社シカゴ・トリビューン（Chicago Tribune）紙の1860年3月から66年8月までの細密画付きニュース欄が元の出典のようである。

これらの英文サイトには、一つのビルを持ち上げるのに数百台ものジャッキが使われたとある。そこで活躍したのがスクリュー・ジャッキと呼ばれる鉄製の治具で、「歯車」と「台形ねじ」で構成され、人力や電動モーターで回転させて大きな力を発揮する。ジャッキ（英：jack）とは漢字で扛重機（こうじゅうき）と書くが、この小型版が自動車に積まれ、タイヤ交換の際に車体を持ち上げるなど、現代も様々な用途で使われている。はて、その重い建物を揚げる地盤反力はどうやって確保し得たのか、という点には頭が回らなかった。

シカゴ訪問の際はあくまで水辺再生の話に集中していた訳だが、その細密画は記憶の中に残っていた。しかも建物から張り出したバルコニーデッキのような通路が連続し、建物のなかでは執務が続けられていたことも、その画が示していた。それは筆者らにとって、生活しながらの沈下修正工事の工法選択への大きなヒントとなった。

2　建物下の地盤補強

参考までにシカゴ川沿い地域の地盤データ検索を行ったが、１９７３年に建てられた高さ４４２ｍの当時は全米で最も高いとされた１１０階建のウィリス・タワー（Willis Tower、旧シアーズ・タワー、09年に改称）のデータにはアクセスできた。ここは支持層である岩盤がマイナス30ｍの位置にあったとされる。その中間のマイナス15ｍ以深は泥岩層となり、その上部は砂やシルト層の軟弱地盤だったらしい。おそらくシカゴ川の両岸も19世紀の河川港だったとすれば、護岸は木製丸太杭などで補強され、建物基壇もレンガや石が組まれ、その下に木製杭が打設されたものの支持地盤までには届かずに、建物の重さで杭ごと沈下したのだろう。この「シカゴ・リフティング」の膨大な嵩上げ工事には、３０００㎞離れたサンフランシスコも含む全米各地から多くの技術者が参加したとの当時の新聞記事をネット上で閲覧することができた。

地盤補強材については、19世紀初頭にフランスで石灰と粘土混合式の補強材（スリラー）注入方式、１８２４年にイギリスでポルトランドセメントが発明されて以降はセメントミルクの注入方式が用いられ、19世紀以降にセメントとベントナイトの水溶液注入方式が用いられていったことが、地盤補強材メーカーのサイトで確認できた。中でもベントナイトは、シカゴからアメリカ西海岸に至るオレゴントレイル沿いのワイオミングで大量採掘が始まったようだ。木製杭で固められた地盤にセメント類を混ぜたこれらの地盤補強材を注入するなどして、地盤強度と建物荷重、ジャッキの定着位置を計算し一気にジャッキアップしたのではないかとの思いも巡らした。また他の手法としては、建物荷重を逆反力とし、基礎下に潜り鋼材を地中に挿入するアンダーピニングという工法も採用されたかも知れない。多くの技術者集団が全米から集まった様は、日本の3・11東京湾岸液状化地帯の復旧作業に国内各地から参集した姿に酷似する。異なるのは、シカゴはビル街で集中して行われたのに対し、筆者らの地域では戸建て住宅が五月雨式に揚げられていった。その揚程も全く異なる。

ちなみにアメリカ西部開拓のまちで、水はけの悪さを解消すべくまちの一角をシカゴの例と同様に3m近く嵩上げしたことで知られるシアトル・パイオニアスクエア一帯は、建物は存置し、道路のみが高く造成され、建物一階は地下室に替わった。この地下遺構は市内観光の目玉・アンダーグラウンドツアーのルートとなっているが、道路地下は木製梁や鉄骨の柱梁で支えられ、設備配管スペース、つまり一種の共同溝となっている。おそらくシカゴも同様に、道路下には一種の共同溝や地下通路が再構築されたと見ることができるだろう。

実際シカゴ河岸のキオスク（**写真4-2**）裏に原地盤上に組まれたRC造フレームがあり、そこには自動車専用道路・ロウワー・ワッカードライブ（Lower Wakkar Drive）が走っている。このように嵩上げされた道路下の空間利用も、都市機能を支える重要な役割を有している

写真4-3　シカゴのジョンハンコックセンタービルからみたシカゴ中心部の超高層ビル群、右隅の黒いタワー状建物が高さ442mのウィリス・タワービル

写真4-4　シアトルのパイオニアスクエアの地中に眠る建物の旧1階部分を巡る道路下のアンダーグラウンドツアー光景

ことがわかる。

持ち上げられた建物群も、1871年のシカゴ大火（Great Chicago Fire）で消失した。これを機にシカゴ市は下水道計画を前提とした道路築造レベルを市街一円に設定し、新しい街並みは耐火被覆された鉄骨造や鉄筋コンクリート造の近代高層ビル群へと転換していく。

その都市改造を支えたのが、エレベーターの実用化と岩盤まで到達する支持杭の開発であった。シカゴは軟弱な地盤という厳しい条件下で、大火後に多くの建築構造家が様々な工夫を行い、この軟弱地盤を克服して、軽量かつ頑強な構造フレームを用いた高層建築を実現してきた。いまこのシカゴは摩天楼都市と呼ばれ、100m以上の超高層ビルが300棟を超え、その数ではニューヨークに次ぐという。その背景にはここで紹介した「シカゴ・リフティング」を契機とした、近代的な都市づくりが功を奏していると見たい。

ちなみに筆者は液状化被災の復旧が一段落した2016（平成28）年にあらためてこのシカゴのまちを訪れてきた。「シカゴ・リフティング」の舞台となったシカゴ川沿いには、実に素晴らしい水辺が出来上がっていたことも付け加えておきたい。

3　木製杭による地盤補強

「シカゴ・リフティング」に関連した地盤強化の話を続けることとしよう。筆者はこれまで地盤補強の経験を有する都市を多く旅してきたが、液状化被災の復旧支援の建築士の立場から、あらためてその奥の深さを悟り、その記録は地盤補強法の知識を深める資料ともなった。

世界史に残る古代文明の多くけ大河のほとりに生まれている。川の流れは肥沃な大地をもたらし、舟運がその繁栄の基盤を支えてきたとされる。そして都市の形成とともに会得したのが、神殿や城郭そして集落を築く際の地盤補強技術に他ならない。構造物下に木製丸太杭を打ち込み、地盤の締固めを行っている。それは地盤補強だけでなく、度々氾濫する川筋を固定するための堤防や海の波を受ける護岸の下部にも使われたとされる。とりわけ川の流れや海や湖の波に晒されるところには、丸太杭の間に木枝や蔓など粗朶(そだ)類を重ねて、土の流出を抑えることが行われてきた。また干潟を埋め立てる際には、杭をある一定間隔に打ち込むことで土砂の堆積を促す方法も古くから用いられてきたとされる。これは水の流れが杭や柵によって抑えられることで、土砂が堆積する原理が用いられてきたようだ。

筆者が訪れた具体の例では、アドリア海最奥部の観光都市・ヴェネチアの街は14世紀後期から築かれたとされるが、運河を跨ぐ橋や石造りの建物群の基礎下に、長さ10m近くの木製丸太杭が用いられたことを現地ガイドから聞かされている。元来、海沿いの砂地上に築かれた石の建物群を支えるための技術は、古代ローマ時代には確立されたという。

また旧い例では9世紀の北欧ノルウェー・ベルゲンの世界遺産、ブリュッゲンの中世の護岸遺構の丸太杭が現地の博物施設に展示されていた。その丸太杭は港の背後に幾筋にも重ねられ、

写真4-5　アドリア海最奥部のヴェネチア（イタリア）の運河沿いに建ち並ぶ石造りの街並み

写真4-6　ベルゲン（ノルウェー）の港に沿って建ち並ぶ世界遺産ブリュッゲンの旧倉庫群

陸地が海側にせり出してきたことがその遺構から明らかになっている。つまり街の発展と船舶技術の進化すなわち船の大型化で、より水深のある港を逐次更新してきた歴史が刻まれている。

その丸太杭の歴史を遡れば、紀元前5千年の杭上住居址が欧州・アルプス地方で発見され、それがユネスコ世界遺産として登録されているらしい。また使用される木材樹種は地域によるが、腐りにくい材が用いられてきたのは世界共通なのである。ちなみにヴェネチアではオーク材やカラマツ材、クリ材など用いられている。

日本も同様だが、アカマツ材、ヒノキ材などが加わり、スギ材も用いられてきた。身近なところでは、近年発掘された東京の明治初期に築造された新橋—横浜間の官営鉄道の線路を支えた石積み護岸・高輪築堤(注17)の下部からも見つかっている。それはわが国では戦国時代の城郭やお堀の石垣の基礎下部にも使われた形跡があり、古くは弥生時代の遺構にまで遡るらしい。

また、旧新橋駅も木骨石造の形で復元保存されたが、そのエリア一帯の開発前の発掘調査の際にも、多量の丸太杭が発掘調査を遠巻きに見ていたことも記憶する。ここでは江戸初期の仙台藩伊達家・会津藩保科家の屋敷を築造されたときの江戸・前島の湿地帯に大量の杭を打ち込み、その間に土が波で流出することを防ぐための板材やしがらみ(木の枝や竹などを用いた柵)を用いた山留材も用いられたとの記録も残る。(注18) 汐留では粗朶類の替りに竹が大量に編み込まれたとも伝え聞く。

また1872（明治5）年に築造された旧駅の復原の話は、シオサイト開発前に土木学会の担当者から相談され図書館で関連資料を閲覧した経緯もあるが、基礎下部にはマツ杭が使用されていたと記憶する。ちなみに同旧駅は1965（昭和40）年に国指定史跡旧新橋停車場跡として指定されている。その約半世紀後の2010年代にその線路の先の石積みの高輪築堤が発掘され、そして2021（令和3）年に「国指定史跡旧新橋停車場跡及び高輪築堤跡」に区域変更と名称変更が行われた。高輪築堤の発掘調査記録「概説高輪築堤」（港区教育委員会、2022（令和4）年3月）にはマツ杭の痕跡写真が掲載されている。

また現代の東京の鉄道玄関駅である1914（大正3）年に竣工したJR東京駅の丸の内駅舎のレンガ建築（明治建築界の三大巨匠の一人、辰野金吾の設計）は、その基礎下部には1万本ものマツ杭が復原改修工事に際して見つかったようだ。さらに土木学会誌の検

写真4-7　東京新橋・シオサイト内に復元された初代新橋駅駅舎の背面のホーム、レール。ここが起終点であったことがわかる

索閲覧では、間隔は0・54～0・66m、長さは地盤条件に従って5・4～7・2m（3～4間）、太さ21㎝以上（末口7寸以上と記載）の国産松杭（アカマツ材）とある。[注19]

丸の内駅舎の向かいにあった旧丸ビルは2002（平成14）年に建て替えられたが、1923（大正12）年竣工の旧ビルは、ここも地下室基礎下部にメリケンマツ（ベイマツ材）と呼ばれる輸入丸太杭が5千余本も使用されたらしい。公開された論文には杭長さ13・5～15m級で、GLマイナス20mの硬い東京礫層にまで達していたと記載されていた。その意味では地盤強化だけでなく、木製支持杭と解釈すべきことかも知れない。当時の技術者は伝統的なわが国の技術に加え、欧米仕込みのノウハウに基づき、下部工を入念に設計したことが読み取れる。

筆者が旧い丸太杭の発掘後の展示物を実際に目の当たりにしたのが、新潟の萬代橋近くの横断地下道内の展示コーナーだった。解説によれば1996（平成8）年の横断地下道建設時に発見された、初代または2代萬代橋に使われた丸太杭とある。初代萬代橋（当時は「よろずよばし」と読んだらしい）は1886（明治19）年、二代目は1909（明治42）年の竣工である。百年近く地中に埋もれた木製の杭が往時の姿のまま保存展示されている。ここも1964（昭和39）年の新潟地震の際の広範囲に発生した液状化現象のなかで、木製杭の存在で軽微な被害に留まったとも記載されている。筆者も当時、その近くの近代的な橋が崩落した公開映像を憶えているが、この萬代橋が残ったがゆえに復興事業の進捗を支えたことを知る。あらためて伝統技法のすごさを知ることとなった。

写真4−8　新潟の萬代橋の改修の際に出土した丸太杭の遺構。地中でほぼ完璧な状態で橋を支え続けていたことが読み取れる

写真4−9　同上。水に浸った地中にあっては、先端の尖った状態まで腐らずに残っていたことがわかる

基本は常時水に浸かることで腐食を防ぐ訳で、歴史的土木遺構の基礎下には健全な状態で見つかった事例も少なくない。昨今の環境意識の高まりのなかでの木材普及に向けた様々な研究会が発足しているが、その中で『木材の腐朽については、『絶へず湿り居る故腐ることなし』との記述があり、土中や水中に用いる木は枠木でも木杭でも絶えず濡れていれば腐ることはないとしている」(注20)とも紹介されている。

明治、大正、昭和初期に建設された建物基礎下、鉄道線路、護岸基盤下部、そして橋梁基礎下部など、現役として用いられている建造物・構造物はいまも各地に存在する。思い起こせば、筆者が1980年代から関わる北九州・門司港の明治、大正期に築造された建物群にも、木製丸太杭（マツ）が使用されていた。

その中核施設とされる旧門司税関庁舎（1912〔明治45〕年築、明治建築界の三大巨匠の一人、妻木頼黄が設計監修）の赤レンガ建物がある。外壁のレンガは破損し、当初の港湾計画では新たに設けられる臨港道路の為に解体される憂き目にあった。それを地元市民の保存要望の声も高まり、行政（北九州市）は臨港道路の見直しと旧税関の保存修復活用へと大きく舵を切る。その調査や構造補強には専門家(注16)の協力を仰ぎ、最初の調査工事で基礎下の木製杭頂部の腐食を確認できた。

1991～94（平成3～6）年に行われたその修復工事では、基礎下杭頂部にセメント・ベントナイト水溶液の注入工法を採用して補強を行った。そしてレンガ壁面の補修・補強、屋根の葺き替え等の工事を経て、95（平成7）年のオープンを迎えた。1階は税関関連の常設展示コーナー、エントランスホール、休憩室など、2階はギャラリーと展望室となっている。

この重い荷重を支えるのは、基礎に用いられた石やレンガ積み、その下部に締め固められた地盤と木製丸太杭、それに追加挿入されたベントナイト等が一役買っているはずだ。前面の海の干満差は2m近くもあるなかで、百年以上もの間この建物を支え続けてきたし、今後もそれが持続されるとみる。

4 日本の伝統的曳家さんの底力

これも沈下修正会社の役員の方から直接聞いた話だが、揚げるのは曳家のための前段階で、それは初歩的な作業らしい。曳家とはその持ち上げた建物を水平に移動し、予め用意していた基礎の上部に固定するまで

写真4-10 1995年に保存修復された旧門司税関庁舎。いまは門司税関広報展示室と観光客の休憩・展望所やイベント会場として活用されている

の仕事で、その経路上の地盤状態も確認してレールを据え付けるとのことだ。建物を斜めの位置に移動する場合は、建物基礎のXY軸にあわせて2度曳きを行うことで、建物の歪みを発生させないことも重要な要素らしい。ちなみに最大の建物はRC造では9階建ても曳家できたそうだ。

さて、シカゴ・リフティングは建物を持ち上げるだけでなく、一部には移動すなわち曳家も行われている。ここでは国内で筆者の目撃した曳家の話を追加しておこう。実は液状化で傾斜した筆者宅も、伝統的技術を受け継ぐ曳家さんの力で水平化を成し遂げた。この技術は歴史的建物の保存に大きく関わっていることもあまり知られていない。

大掛かりなシカゴ・リフティングとは異なるが、RC造の平屋建物のジャッキアップそして曳家の光景を1980年代の東京・文京区で目撃した。筆者の当時の事務所が湯島にあり、昼の休憩時間だったか、東京大学南端の龍岡門の門柱と門衛所の片側（西側）が移動される準備工事のさなかだった。JR御茶ノ水駅～構内～JR御徒町駅を結ぶ学バスの通り路で、狭い門ゆえにバスは交互通行を余儀なくされており、そのため西側の門柱と門衛所を移動して拡幅されるらしい。

ジャッキアップされた門衛所が井桁状に積まれた枕木の上に乗り、それがレールの上に載せられていた。わずか数ｍの移動だが、レールの先には新たな基礎が設けられていた。数日後にはそのレールも枕木も消え、以前からのような姿で門と門衛所が並んでいた。

龍岡門は関東大震災後のキャンパス復興計画で1933（昭和8）年に造られたとされ、東側に残されたもう片方の門柱脇にあるのは大学広報センターの2階建RC建物だが、これも由緒あるかつての旧医学部附属病院夜間診療所、2003（平成15）年に東京都選定歴史的建造物に指定された。設計は後に東京大学建築学科教授となる岸田日出刀によるものとされる。門柱・門衛所も同じ設計者によるものと推察した。

その他に筆者の記憶に残る曳家の光景は、幼き頃に郷里の田舎で見た民家の曳家現場である。1960年頃のことだろうか。前掲とほぼ同じ方法で、異なるのはRC造と木造の違いと、鉄製レールの上を移動する車輪と地面上を転がる丸太の違いだろう。民家の各所に配された柱が数列に置かれた太く長い梁状の部材の上にジャッキで載せられ、それが下に敷かれた丸太の上を滑り、建物が

写真4-11　東京大学の龍岡門の曳家された門柱と門衛所（横断歩道奥の左側の部分）

じわりじわりと移動した。丸太は動くたびに人の手で前に移動していく。今の木造家屋のコンクリート基礎ではなく、石場建てという束石の上に柱を載せる伝統的な建物工法だったと今なら理解できる。それがするりするりと移動する様は驚きでもあった。

また地盤強化についてもかすかな記憶がある。石場建ての束石の下に3本の長丸太を三又に組み、3方からロープを用いて中央の太い丸太を落として地盤を突き固める方法だ。これも調べてみれば「よいとまけ」という名の地盤を固める伝統工法である。いまは重機が用いられるが、その当時はすべて人力に依っていた。


前述した旧門司税関の建物より5年遡る1907（明治40）年築の歴史的建物の保存活用にも、筆者は関わってきた。明治の建築界三大巨匠の一人、辰野金吾が関わったとされる大阪・南海鉄道浜寺公園駅旧駅舎である。このプロジェクトに関わる契機は2013（平成25）年の計画設計者選定プロポーザルでの特定だが、曳家に関しては、3・11の復旧支援のノウハウが大きな力ともなった。

この建物は木造2階建て、1998（平成10）年に国の登録文化財指定を受け、2017（平成29）年に鉄道連続立体化工事の関連工事として駅前広場内に仮曳家が行われた。この建物保存運動には多くの地元市民や学識者などが参画し、その仮使用と最終段階での活用、保存位置については駅前広場管理者の堺市、鉄道事業者の南海電鉄も交えた意見交換会が行われ、

写真4-12　南海電鉄浜寺公園駅旧駅舎の曳家イベント光景。地元の子どもたちが参加し、それを見守る人びとが集まった

写真4-13　同駅旧木造駅舎の曳家光景。建屋部分が基礎から切り離され、ジャッキアップで井桁に組まれた枕木上部のレール上に置かれている

ＮＰＯ法人浜寺公園駅舎保存活用の会が設立に至っている。同ＮＰＯは暫定利用に際しての指定管理者にも選ばれている。

旧駅舎仮移転の曳家イベントには、地元の多くの子供たちも参加した。そこでは木造2階建ての旧駅舎が土台から基礎と切り離され、井桁状の枕木の上に置かれ、それがレールの上を移動した。この光景こそシカゴの細密画の姿に重なっていく。シカゴでは曳くのは馬だったが、浜寺公園駅では電動ウィンチが用いられた。

現在、建物は工事期間中は堺市が鉄道会社から借り受けたうえで、地元ＮＰＯが指定管理者となり、連続立体交差化事業広報コーナー、ステーションギャラリーとカフェ・ライブラリー、イベントホールとして活用されている。連続立体交差化工事完成前には新駅舎の正面玄関に再曳家され、新たな駅の玄関口となるべく本格改修となる。完成は２０４０年の予定[注21]とされている。

その他、前掲の沈下修正に加え、全国各地の土地区画整理事業や道路拡幅に伴う既存建物の曳家移転や歴史的建物の保存修復を支えるのが、伝統的技術者集団の存在なのである。彼らには、薬液注入も含む最先端の土木技術者集団に伍して、手作業の孔掘りからジャッキアップまで、実に多くの3・11東京湾岸地帯液状化による傾斜家屋の水平化に多大な貢献を頂いた。これには感謝の言葉しかない。

5　最新の免震構造への展開

話はＪＲ東京駅の丸の内駅舎の復原修復工事に戻る。ここにも地下部再構築と免震工事が行われた。工事は駅機能を維持しつつ、地下を掘り進み、新たな支持基盤と地下構造物（地下街）が構築された。そこには免震装置が設置されている。

この赤レンガ建物は第二次世界大戦の空襲で被災し、戦後の応急復旧の後も永らく2階建てのまま で供用された。それが２００３（平成15）年に国の重要文化財指定を受け、そして都市計画法改正を機に容積移転手法の適用によって事業費捻出が可能となり、２０１２（平成24）年、３階建にほぼ完全な形で復原修復がなされている。工事には5年間の工期を要し、その工事会社関係者から記念の工事記録映像ＤＶＤ(注22)を受領している。その

写真4-14　２０１２年に復元修復された東京駅丸の内駅舎

地下工事の技術者集団こそ、まさに縁の下の力持ちと言われる所以でもある。

この東京駅丸の内駅舎の他に、筆者が知るところをいくつか紹介しておく。

ひとつは、兵庫県豊岡市の旧市庁舎である。RC造3階建のこの建物は1925（大正14）年の北但馬地震の復興建築として知られ、28（昭和3）年の築で、3階部分は52年に増築されたものである。

これも2010（平成22）年に曳家工法で25m南側の現在地に曳家移動された。2階は新市庁舎とつながれて市議会会議場として活用され、1階と3階は市立交流センター「豊岡稽古堂」としてリニューアルされている。(注23) 曳家対象となった旧庁舎は総重量約3000tで5日かけて移動した。ここでは一か所あたり100tの地耐力が確保され、32箇所計64基のジャッキが用いられ、事前に構築された基礎部

写真4-15　1925（大正14）年の北但馬地震の復興として1928（昭和3）年築の豊岡市旧庁舎（登録有形文化財、2010年移築）

分には免震装置が設置されている。

二つ目は横浜市中区の今は「ヨコハマ創造都市センター」と名称が変わったが、かつての「バンカート1929（BankART 1929 Yokohama）」として知られたギャラリー＋オフィスだ。ここはRC造3階建の旧横浜銀行本店別館（1929〔昭和4〕年築）の正面部分が市街地再開発事業に関連して1995（平成7）年に曳家移築され、背後の27階超高層オフィスビル・アイランドタワーと一体的に2003（平成15年）年に竣工した。

この一連の移築改修・新築の設計は、都市基盤整備公団（現UR都市再生機構）＋槇総合計画事務所（槇文彦氏主宰）だが、筆者もこの事務所に10年間在籍し、移築保存検討の初期段階の作業が後ろのデスクで始まっていたことを記憶する。この旧銀行建物が部分的ながら曳家移転によって保存修復されたことは、その後の横浜の魅力づくりに大きく貢献し

写真4－16　横浜のバンカート1929（BankART 1929 Yokohama）の旧横浜銀行本店別館の正面部分

たとみる。

加えて「免震」「歴史的建造物」のキーワードをインターネット検索すれば、「免震」は正式には「免震レトロフィット工法」とされ、その実績は多くの建設会社のHP上で確認できる。例えば東京・上野公園の「国立西洋美術館本館」、そして「国立国会図書館国際子ども図書館」、大阪・中之島の「大阪市中央公会堂」などのRC造の近代建築に加え、木造の社寺建築、そしてその極めつけとされるのが2022（令和4）年に国重要文化財指定となった「名古屋テレビ塔・現中部電力MIRAIタワー」の高さ180m鉄骨のテレビ塔と言ってもよい。こんな重い鉄の塊もジャッキの支えで基礎と塔とが切り離され、そこに免震装置が設置された。

写真4−17　名古屋テレビ塔・現中部電力MIRAIタワーの夜景。こんな重い塔でも「免震」の技術が用いられるようになったことは、驚きでもある

このように、続々とその対象は拡がりを見せつつある。環境意識の高まりと歴史的価値の再評価、そして建設物価の高騰等の大きな流れの中で、既存建物の保存活用が選択されている。その際、建物の大きな改変を避けられること、さらには建物内での営業を継続しながらの工事

も選択しうることがメリットとして挙げられ、その姿は「シカゴ・リフティング」にも相通じる。免震工事の需要が高まりつつあるなか、その工法を支える技術者集団の存在は頼もしい限りである。

【注】

注15　参考：中野恒明『水辺の賑わいをとりもどす——世界のウォーターフロントに見る水辺空間革命』（花伝社、2018）に収録されている。しかし「シカゴ・リフティング」の記載はない。

注16　旧門司税関保存活用調査は片野博氏（当時九州芸術工科大学教授）、建築構造は今川憲久氏㈱TIS & PARTNERS、当時東京電機大学教授）に協力を仰いだ。設計は大野秀敏+アプル総合計画事務所。

注17　高輪築堤：1872（明治5）年に開業した日本初の官営鉄道新橋横浜間の線路築造のために海岸線に沿って築かれた石積み護岸や鉄橋橋台などの遺構が、JR山手線の高輪ゲートウェイ駅近くの工事現場で2021年に発見された。

注18　出典：「江戸開府四〇〇年と江戸遺跡の発掘」東京都埋蔵文化財センター報『たまのよこやま』№58、平成15年6月30日

注19　金井彦三郎「東京停車場建築工事報告」『土木学会誌』第1巻第1号、pp.49-76、1915年

注20　JSCE木材利用ライブラリー005「国内の構造物基礎における設計方法の変遷」2012年3月、公益社団法人土木学会木材工学特別委員会、土木における木材の利用拡大研究会（一般社団法人日本森林学会・一般社団法人日本木材学会・公益社団法人土木学会）

注21　「浜寺公園駅旧駅舎関連工事スケジュール」南海本線（堺市）連続立体交差事業説明会資料2023年7月より

注22　「赤レンガ駅舎保存・復原の軌跡　東京駅丸の内駅舎保存・復原工事総集編」企画・鹿島建設㈱、2012年11月

注23　「豊岡市新庁舎建設工事の主な記録」（平成23年4月～平成24年12月）豊岡市、熊谷組技術研究報告・第73号、2014年12月「歴史的建築物改修工事施工報告・豊岡市新庁舎建設工事」

第5章　液状化層の意外な緩衝効果

1　私たちの家屋の下の地盤はどうなっているのか

筆者は地盤工学の専門家ではないが、建築士の基礎知識の範囲内で、被災後に様々な文献・資料を目にすることができた。被災から1年経た時期からスタートしたＮＰＯの２人の副代表のうちのお一人が地盤工学の専門家であったこと、さらに筆者の大学にもその専門分野の研究室が複数あった。そこから学んだのはにわか学習だが、それなりの力にはなった。

戸建て住宅の液状化被害からの回復、そして次なる大きな地震への備えとして、重要なのは地盤のこと、つまり地面の下の知識が必要となる。本章の内容は、筆者の住む湾岸埋立地の液状化被災者向けの資料として作成したものをベースにしているが、わが国の沖積層平野部に共通する話もあるだろう。繰り返しになるが、筆者の住む町内（自治会）の１４０棟近くのうち約半数の家屋が傾斜被害を受けた。そのうち、建て替えの際の事前の４・０～７・０ｍの深さまで地盤改良済みとされた20棟全数が傾斜したという厳しい現実に遭遇した。加えて、その事前の対策工法自体が沈下修正の大きな足枷になったケースも散見された。そこで、被災直後の検証から始まった地中探索の調査結果を建築専門雑誌や市内シンポジウムなどで報告したのだが、その内容は被災者間でネットを通じて共有されていったようだ。

一方で現実の液状化被災地の復旧においては、支援する工事会社の中に、全く無効と言える浅層の地盤改良を再沈下防止工法つまり液状化対策として売り物にしている現場にも遭遇した。その意味では、湾岸埋立地に代表される軟弱地盤地域の地盤構造を理解していただく必要があるのだろう。それは埋立地に限らず、わが国の沖積層上の平野部にも共通の話なのかも知れない。なお、具体の話になれば、その当該場所の地盤データに基づく解釈を加えられることが前提となることは言うまでもない。

その後、いくつかのメーカーにおいては、液状化が想定される近隣地区では杭長12～15m級の鋼製はね杭工法や静的締固めの砂杭工法などが使われることとなったとも聞き及ぶ。推察するに、「4～7mの液状化対策は効かず」という私どもの発信が功を奏したのかも知れない。とは言え、それで完璧なものかを言い表す立場にはない。いずれにしても費用対効果、そして次なる液状化発生の確率の問題なのだが、建築士の立場としては、沈下しても水平化が容易な建物構造にしていくことも工夫のひとつだということは、繰り返し主張しておきたい。

（1）平野部の大地にはそれなりに分厚い沖積層が堆積している

地質学的には、国内各地の平野部の地下には川の上流から運ばれた土砂や礫、そして海底の年代に堆積されたもの、そして火山の噴出物などで形成された様々な地層が重なり合い、それぞれ場所により、その形成年代やその後の浸食、堆積作用によって複雑に入り組んでいる。それが沖積層と呼ばれる地層で、その下に堅い地盤の洪積層がある。洪積層は約2万年前に生成されたとされる硬い地層のことを指すが、その沖積層のなかにも堅い層があることも知られる。

さて液状化の集中的に発生した東京湾岸埋立地は、かつては遠浅の海だったが、水深10m程度のところまでが埋立造成された。海底には注ぎ込む川の上流から大量の土砂が堆積している。その岩盤支持層までの厚さは、今回の液状化被災地では数十mというのが定説である。地盤のボーリング調査結果を総合したのが学会や行政資料にみる地盤断面図で、概ね30～50m、深いところでは70mとのデータを確認した。その値は概ね関東地方の低地部分と大きな差異が無かったように思える。「関東ローム層」と呼ばれる関東一円に分厚く堆積された火山噴出礫や火山灰層も、低地部では永い年月の間の浸食作用で消失し、その分が東京湾の海底に沈殿・堆積していったらしい。

また筆者も関わった東京の新タワー建設候補地選定作業（現東京スカイツリーの立地する墨田に決定）の中で、下町の墨田と台地上のさいたまの支持地盤までの深さはともに40m近くだが、下町の方がわずか数m浅かったとのデータも確認した。台地の場合はそのローム層が浸食を受けずに残り、低地はそれが浸食されて浅いとの解釈もなされた。海面も数万年前には利根川のはるか上流、埼玉県の奥から群馬県にかけての一帯まで広がっていたことが貝塚遺跡の分布で判明している。

つまり複雑な原地盤の海底の地形のうえに、陸地から流れてきた土砂いわば沖積層が積み重なってきたのがいまの関東平野であり、そこに江戸期から明治・大正・昭和の時代に山土や海砂などを用いて造成された埋立市街地が成立したのである。

その沖積層の話だが、前述の新タワー立地の議論のなかで「東京低地」と「沖積層基底面」に関する興味深いいくつかの論文を発見した。被災後にあらためて読み直すと、関東地方の荒川、江戸川、旧利根川の流域から東京湾に至る広範な低地部の沖積層基底面高度が示され、沖積層厚は最大50～70m級、まさに今回の東京湾岸埋立地の液状化被災区域はその範囲内にある。

そのなかで筆者の住む区域一帯の沖積層基底面は、概ね30～40m程度の北側の下総台地から舌状に延びる部分で部分的に浅いことが読み取れる。それは第2章に掲げたボーリングデータの図2

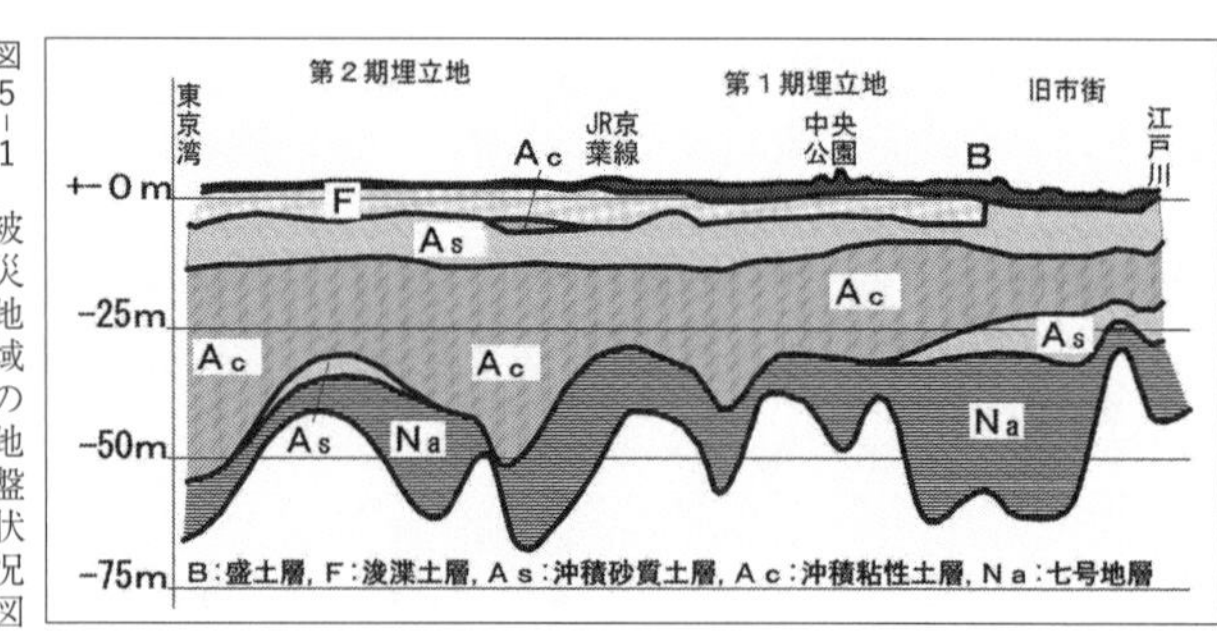

図５－１　被災地域の地盤状況図
出典：浦安市地盤ＷＧの調査結果、安田進東京電機大学教授（当時）作成図をトレース

－4と図2－5（50ページ）にみる支持地盤深さにも符合し、沈下修正の際のアンダーピニング工法を選択されたお宅への聞き取りの結果とも重なった。とは言え、分厚い沖積層ということには変わりない。

さらに調べてみると、その50～70m層は、「七号地層」という名の「非海成（淡水）」堆積物という。地質学において最終氷期最盛期とされる約2・9～1・9万年前には海面が現在より100m以上も下がり、その間に「開析谷（かいせきこく）」と呼ばれる陸域河川による帯状の深い浸食谷を形成したらしい。それは関東に限らず、日本国内の沖積平野の地下深くには存在することが示されている。(注24)

そして7000年前ころ、つまり縄文時代には氷床が融解して海が陸地深く入り込む。その当時の海沿いの生活の場、すなわち海岸線の位置を貝塚の分布がそれを示している。その後、数千年の間に原地形が顕れ、江戸時代そして明治、大正、昭和の時代の埋立ての歴史が加わり、いまの市街地を形成していることも理解できた。

（2）湾岸埋立地の地層の解読

前掲の図5－1は被災直後からスタートした「浦安市市街地液状化対策検討委員会」（前掲・注11）の公開資料である。ここでは液状化被災地の地盤状況が解説され、液状化をもたらした地層が埋土層（F）と沖積砂質土層（As）が深さ十数m以上も重なっていることが示されていた。とりわけF層は海底砂のAs層を1960~70年代の時期にサンドポンプ工法で吸い上げて埋立に使用したことも含め、液状化しやすい砂地盤が二重に重なっていることも解明された。それは既往のボーリングデータに加え、新たに詳細な計測が重ねられて得られた結果に他ならない。

ちなみに同委員会の解説では、埋立市街地の地盤は「地面下13mまでの地層を5つのユニットに区分することができ」という点についても、公開された報告書では「盛土層（Bs）の下には埋土層（Fs、Fc）が深度5~10~15m層、その下には沖積層の砂質土層（As2、Asc）が深度18~20m近くまで堆積している」との内容が読み取れる。アルファベット表記は土質工学専門用語で、Fとは浚渫土（埋立土）を意味し、Aは沖積土、Sは砂質土、Cは粘土層、SCとは粘土質砂、砂と粘土の混合土および砂泥互層と解説されている。液状化の発生深度はFs層まで、概ね8~12mと幅があると解釈できる。

一方で埋立地の中でも液状化被害のほとんど発生しない区域がある。ここも前述したようにサンドコンパクションパイル工法などの事前の手当が成された場所もあれば、何ら地盤改良工事の行われなかった近傍でも、液状化による建物傾斜は発生していない。実際、筆者の住むまちの自治会区域の北半分は傾斜被害が発生しなかった。しかも家財の被害も皆無に等しいとの調査結果となった。

これは筆者の学生時代、建築構造力学の講義で教わった地盤と建物の共鳴理論と酷似する。

関東大震災の際、比較的地盤の強固な台地上で土蔵造りの短周期型の建物の被害があり、一方で下町の軟弱地盤状では旧来の木造家屋、すなわち長周期型建物が共鳴して大きな倒壊被害へとつながったという。それを機に、木造住宅も布基礎コンクリートと木土台とを緊接させる工法に建築基準法改定へと移行したことを思い出した。それは被災直後に入手した、当時の教授が書かれた岩波新書(注25)に記載されている。つまり軟地盤は硬地盤に比べ建築の固有周期は長くなるも、最大応答加速度(ガル)は軽減されるらしい。

実際、近隣調査から確認できたのが、当初の地震の大きな衝撃はあったものの、次第にゆっくりとした揺れで水平方向の大きな振幅になったという。明らかに地盤内の液状化の発生とともに長周期型の振動に変わっていったことを物語る。また旧堤防近傍の方の目撃談として、長い帯状の塊が伝説の龍のように、緩やかながら上下に波打っていたようだと話されていたことも印象に残る。

今回の長い周期の横揺れに対しては、

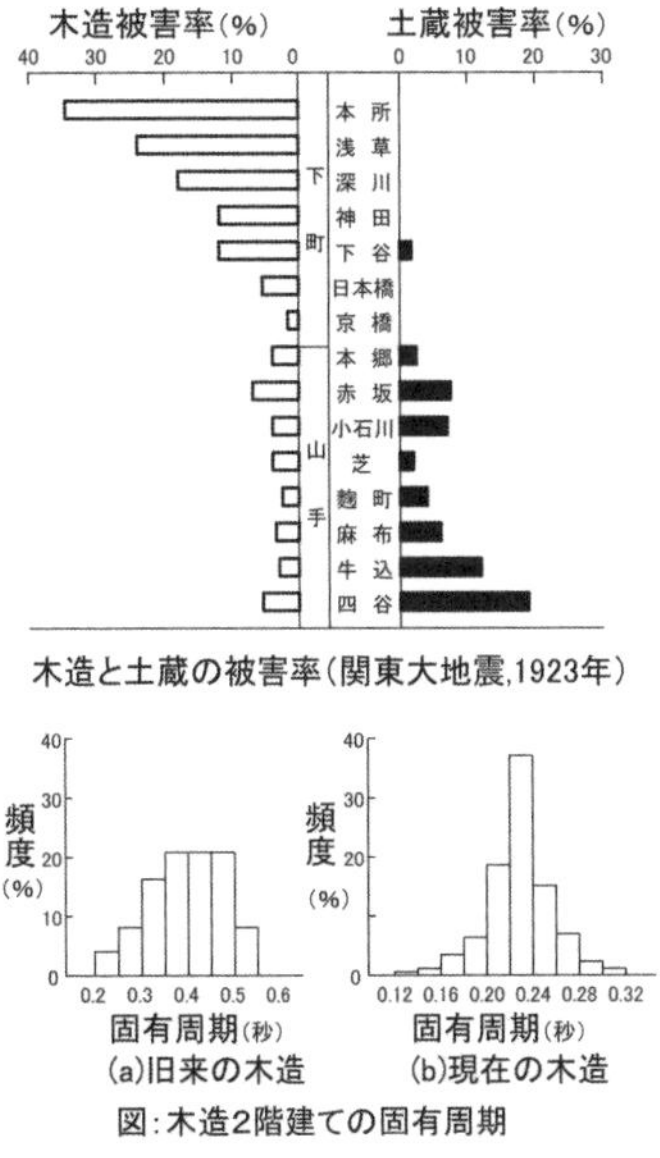

木造と土蔵の被害率(関東大地震,1923年)

図:木造2階建ての固有周期

図5−2、5−3　1923年の関東大震災時、木造と土蔵の区別被害率と後の研究に基づく木造2階建の固有周期の特性を表すデータ。出典:大崎順彦著『地震と建築』(岩波新書)の図を筆者トレース

発表された震度に比して、液状化被災家屋の建物はもとより、家屋内の本棚、食器棚やテレビなどの家具や什器類の転倒・落下被害が皆無だったこと、これは明らかに衝撃緩衝効果と言っても良いだろう。ちょうど水枕が下に敷かれた状態で、そのゴム状の袋さえ破れなければ一種のクッション材ともなる。これは１９９０年代以降に注目されている免震構造の原理に近い。つまり激しい地震動の直接的な衝撃が緩和されることにつながり、これは軟弱地盤ゆえの利点と見ることもできる。あとは傾かないように工夫できることが理想なのだが、そこが一番の課題でもある。

2　ブロック舗装にまつわる液状化現象の小話

液状化現象が、私たちの回りで身近に発生していたことを知る方は少ないだろう。これもその発生原理につながる意味で紹介しておこう。それは街なかで見かける道路のコンクリートブロック舗装の世界である。

今は技術革新でほとんど見かけなくなったが、ブロック舗装が普及して半世紀近くになる。都市内の駅前広場やメインストリートの歩道などでは、インターロッキンブロックという化粧ブロックが１９７０年代以降使われるようになった。

これは古代から舗装に用いられてきた天然の小舗石などの塊をコンクリートに置き替えた工

業製品で、発祥は1950年代のドイツとされる。元々は車道舗装用のブロックとして開発され、当初は側面がギザギザ模様で噛み合わせタイプの製品に限定されていた。それがわが国では歩道用にも用いられるようになり、矩形でカラフルかつ表面にセラミック質や豆砂利を付けた製品も開発されている。

その舗装構造は撓み性舗装構造理論に裏付けられ、転圧した路盤の上に砂を敷き（これをクッション砂またはサイドクッションという）、小さなブロックが並べられ、ブロック相互が隙間に砂（目地砂）を挟んで絡み合い、敷均し、締め固められることで強固な舗装面を構成する。普及当初は、雨の降った直後に重い車が通過するときの振動で、ブロックの隙間から突然水と砂が噴出し、沈下する現象（これを専門用語でポンピング現象という）が発生した。ご年配の方々には、車道部や歩道内のブロックが陥没している現場を目にされた方も少なくないと思う。この噴砂現象こそが、液状化の作用なのである。

締め固めたはずのブロック舗装が突然陥没する。それは、雨が降った直後に厚さ数cmのクッション砂の隙間に水が入り込み、そこに車の振動が加わると、共鳴現象で砂が液状化してプッと地上に噴き出すという原理である。ある周波数で砂と水が共鳴するらしい。土木分野の舗装工学の実験室で再現することもでき、その動画を見た経験がある。

ブロックは砕石路盤の上に不織布を敷き、クッション砂を置くだけで、水が地下に浸透して滞水しないような設計がなされる。しかし不織布が粘土質の土などで目詰まりを起こすと、雨天直後にはクッション砂層に水が溜まる。そこに、自動車の通行による振動でポンピングが発生するのである。

これを防ぐためにどうするか。一つは水が抜けるようにして滞水を防ぐこと、これが本来のインターロッキングブロック舗装の基本とされる。例えば路盤の上に敷かれる不織布に通水層の役割を持たせ、それが横に水を流す仕掛けである。

もう一つはブロックの隙間に井桁状のプラスチック仕切り板を置き、砂の流動性を拘束することだ。車が載るところでは仕切り板が割れ易いために不向きとされてきた。

三番目は砂を弾力性のあるゲル状に固め水が入るのを防ぐ。これは欧州などで、流動性の高いアスファルト層（ブローンアスファルトともいう）を石舗装の下に流し込み、目地も同材とするなどの方法が採られている。アスファルトそのものは石油精製

写真5-1　ブロック舗装の液状化によるポンピングによる陥没例。インターロッキング普及当初はサンドクッション層の滞水でポンピング現象もよく見かけた

の過程で出来る粘り気のあるコールタール等の成分からなり、弾力性があるところに特徴がある。その弾力性ゆえに大きな荷重が加わっても変形して応力を吸収し、解放されれば復元する。そのため流動性を有するアスファルトが、古くから車道の敷石もクッション剤や目地材として用いられてきた。パリ・シャンゼリゼ通りの車道の石舗装がこれに該当する。それこそ古代ローマ時代から営々と継承されてきた石舗装の原理に他ならない。

一方で、ブロック舗装構造理論に不勉強の方が時として失敗する方法として、車道のコンクリートブロックの目地やクッション層にセメント粉を混ぜて固めてしまうことが一時は行われた。つまり目地もクッション層も固める。一時は調子が良いが、繰り返し重い車などが載ると、ブロックがカタカタ音を立てるようになる。似たような現象が砂の間にシルトすなわち粘土分が入ることでも起きる。質の悪い

写真5−2　パリ・シャンゼリゼ通りの車道部の小舗石舗装（1990年代撮影）。アスファルト目地の残渣が側帯部に残るが、車の走行によって次第に消えていく

砂と呼ばれる、ふるいにかけずに粘土分が残留したものがそれに該当する。これは砂のクッション効果を無くし、直接衝撃をブロックに与えることになり、最後はブロックが割れる。これを防ぐにはブロックの厚さを増すか、強度の高いブロックを造る必要があるのだが、それも限界がある。クッション砂が少なすぎても同様にブロックに衝撃がそのまま伝わり、同様に割れてしまう。

このように砂層のクッション効果を残しつつ、液状化＝ポンピングを防ぐための様々な技術が開発されてきたが、本場の欧州では、クッション層に滞水させない方法を採るのが一般的で、万が一ポンピングによる陥没が発生すれば、即座に補修が行われる。筆者が訪れたとあるまちでは、補修は行政職員みずからがバケツ一杯の砂と治具、転圧機だけで短時間に行う。つまり安価で簡単な方法で、一度使った舗装材を大事に何度も使い込む。それは補修の容易さが最大のメリットという価値観に基づいている。長い目で見れば、環境にもやさしく経済的であるという視点である。

以上のように、砂層やアスファルト層のクッション効果は極めて重要な意味を持つ。それゆえに、ブロック舗装は、荷重が載れば下の路盤と砂と一体的に撓み、解放されれば復元する。これは経験工学から編み出された舗装構造理論で、撓み性舗装はまさに建築分野の柔構造理論に近いと言えるのだろう。クッション層はその用語のように、ブロックと地盤との間で緩衝材として衝撃を吸収する効果が期待されている。

スケールは異なるが、舗装の世界と今回の液状化の話は、ある意味で共通する部分があるのではないだろうか。舗装と同じ土木分野の橋梁の世界で、この免震理論を用いた話が一時期話題になったことが思い出される。

3　液状化地域の地盤には天然の緩衝効果が存在する？

免震の話に戻るならば、１９９５（平成７）年の阪神・淡路大震災後の被害調査も含め、これまでの国内の大きな地震の度に、液状化危険地帯とされる地盤上において、墓石の転倒率が低かったことが学会論文等で報告されてきた。３・11東日本大震災においても、液状化の激しかった利根川下流域のまちのある墓地では、転倒率１％未満という驚異的な値が示されている。それは筆者宅も含め、液状化被災家屋の家具類の転倒が皆無だったことにも通じるのではないだろうか。つまり、液状化した地盤上に置かれた建物も意外と破損は起きていない。これは液状化層が天然の衝撃緩衝効果を発揮することを示していると筆者なりに解釈した。

最近、建築の世界で流行りの用語に「免震」がある。「免震」とは、揺れを吸収して和らげることを基本とする。つまり、「耐震」が建物をより頑丈にすることで地震に抗することに対し、「免震」は地震による激しい揺れを受け流す、地盤との共振を避ける、という手法である。

また「制震」とは構造物が壊れないように建物の揺れを制御することで、これには制震ダンパーを取り付けるなどの方法が採られている。その中の「免震」とは、水に浮かぶ船舶が地震動の影響をほとんど受けずにいるように、建物と地盤との間に積層ゴムなどでできた免震支掌を置くことで、地震動のエネルギーを吸収し、その力を直接的に構造物に伝えないようにする手法である。

そのような効果が液状化被災地の軟弱地盤に備わっていたとも言えようが、ここでは「免震」の用語を避け、天然の緩衝効果と称しておこう。明らかに3・11地震の初期段階では分厚い軟弱層が緩衝効果を発揮し、数分後以降は「液状化」によって、振幅は大きくなっても衝撃度は増幅されずに減衰したと見たい。これは3・11の地震動波と地盤の関係の幸運だったのかも知れないが、明らかに軟弱地盤にはなんらかの「緩衝効果」が備わっている。これも光明のひとつと見た。

一般的に、軟弱地盤は地震波を増幅する効果も証明されている。つまり「震度」の値は大きくなるとされる。実際、今回の液状化被災家屋では、地震動で家屋がゆったりと大きく揺れたことが報告されている。振幅が大きくなると、震度は増幅されることになる。

しかし地震時の衝撃は、震度とは異なる尺度すなわち加速度＝「ガル」の世界で説明できる。陸上の交通手段でわが国最速の新幹線は、発車する際に緩やかに加速していく。一方の自動車のレーシングカーはスタートとともに短時間に加速し、運転手には強い「G（ジー、加速度の単位の略）」つまり衝撃度がかかる。一方で最高スピードは前者の方が勝る。このように人間の体感する震度値と衝撃値は、数値化されても判りにくい部分がある。

3・11地震の際、液状化層上の戸建住宅は大きく揺れるも、衝撃度は緩和されたがゆえに、家具類の転倒を免れたとみることもできる。一方で深い岩盤支持層まで届いた杭の上に建つ中高層建物では、家具類が転倒するなど家財の被害が発生した。それこそ衝撃度つまりガルの違いを物語るのではないだろうか。

これは建物と地盤の間に一種の緩衝材が存在することで、それを和らげられたと説明できる。軟弱地盤の地震動増幅作用とは相矛盾する見解と思われるだろうが、ここに構造理論の実に面白さが隠されているはずだ。それは前掲の墓石が倒れなかったという話にも通じるし、沈下修正で活躍された伝統的な職人さんの工法にもつながる。

一般に墓石は数段に積み重ねられ、最上段の墓石は直方体で縦が長い。つまり高さがあるために重心が高く不安定に感じる方も少なくないだろう。しかもそれは土台の上に置かれ、そこにはダボも置かれず、ただ重さで直立している。その方法は、伝統的な石職人には代々経験として受け継がれてきた。筆者も瀬戸内地方のその家系の6代目に当たるが、幼少の頃から、何度か建立現場に行ったことを記憶する。後に大学で構造力学を学んだ際、「固定」せずに「置く」だけのその伝統工法に大いに疑問を感じた。しかし免震の学習を続けるうちに、意外と理に適っていることを知る。この置くという単純な話が、地震時の3次元的な振幅に対し有効に作用する秘訣なのだろう。垂直方向の振幅は分厚い砂層が緩衝する。水平方向は横ずれすることで吸収される。まさに達磨落しの原理にも相通じる話である。

余談だが、筆者宅の沈下修正をお願いした伝統工法を受け継ぐ会社の役員の方から聞くところによると、3・11の地震の際、都内のとある大きな木造家屋の曳家のさなかであったという。レール上の枕木の上に載った建物は全くの無被害も、念のための工事中断で手すきとなった職人さんたちを急遽こちらの現場に寄こして頂いたそうだ。それが予定外の早期の水平化につながったらしい。その後、その会社には複数のプレハブメーカーも含め、多くの沈下修正工事依頼が殺到し、順番待ちとなったと後に聞いた。その意味でも運がよかったのかもしれない。

4 建築構造にみる地盤液状化層の固有周期

大学時代、建築構造力学の授業で、地盤の動きと建物の「共振」の話を聞いた。今も思いだすのは講義を担当された大崎順彦先生の流ちょうなお話だが、関東大震災の建物被害と地盤条件の関係の内容は、まさに3・11にも符合する。あらためて講義から10年後に出版された先生の著作『地震と建築』(前掲・注25)を読み直してみた。

その本に授業の時に話された関東大震災の被害建物のことが引用解説されていた。斎田時太郎という方の「東京旧区毎の木造家屋と土蔵の被害率に関する比較報告書」がその元になっている。1923年当時、東京の家屋は多くが木造つまり在来工法の独立基礎構造で、長周期型の建物だったがゆえに、下町の軟弱地盤の区域での被害率つまり倒壊率が高い。一方で地盤が良いとされた山手台地側では短周期型の建物の典型とされる土蔵造りの被害率が高いという逆転現象が記述されている。つまり、軟弱地盤の地震時の周期とその地盤上の長周期型家屋とが共振破壊をもたらし、それが倒壊率を高めたことにつながっている。さらに昼時に重なって火災が拡がり大火となってしまった。

関東大震災を機に木造家屋も短周期型の建物に改めるべく、当時の市街地建築物法が改定され、いまの布基礎・べた基礎コンクリートと木製土台と柱、筋交い構造へと改められた。それは後の数々の地震の度に証明され、より頑丈な造りが求められてきた。軟らかい地盤の地震振動は長周期型になりがちだからこそ、関東大震災後そして昭和～平成～令和と続く市街地建築物法～建築基準法が度々改訂され、戸建て住宅は進化してきた。こうした短周期型の建物への建て替えや改修が急がれたこと、これも3・11ではそれなりの効果を発揮したに違いない。それは新たな埋立市街地ゆえに、戸建て家屋は全て短周期型だったことも幸いしたようだ。

細かく説明すると、建物基礎下部の地盤にもその軟らかさや深さに応じた固有周期つまり揺れ方の違いがある。軟弱な地層ほど振動の周期は長くなり、その層の厚さがあるほうが周期はより長くなるようだ。一方で建物側にもその構造形式に基づく固有周期が存在する。それが地震時に同じ周期になって重なると、建物の揺れが加速され、より大きく揺れる。これを共振と呼ぶ。共振によって力が増幅することである部位に応力が集中し、建物強度の限界を超えたとき、ついに建物は破壊すなわち倒壊する。また地中を伝わる地震波は、硬い地盤ほど速く、逆に軟弱な地盤ほど遅く伝わる傾向が認められている。

軟弱地盤すなわち液状化確率の高い地層にもそれなりの特性があり、それに対応しうる建築技術さえ伴えば、建物の倒壊を免れることができる。これこそ、関東大震災後の調査・研究によって、新たに建てられる戸建て住宅規模の建物は短周期型となるように基準が改められた成果であり、その研究をされた方々に敬意を表したい。

5　土木の世界の橋梁免震技術

これも3・11の被災直後に改めて調べてきた橋の移築についての話である。

桜島や霧島などの火山の噴出灰からなる「しらす」土壌で知られる南国・鹿児島の中心部に、1846年に築造された名工・岩永三五郎の手による有名な石橋、西田橋があった。元来は甲突川にかかる歴史的な石橋五橋（玉江橋、新上橋、西田橋、高麗橋、武之橋）の一つであったが、1993（平成5）年の洪水で市街地の約1万2千戸が浸水する水害を経験し、うち2橋は流出し、残る3橋も撤去されることになった。多くの市民が保存運動を展開したが、結果として新たな橋に替わり、3つの石橋は解体保存されることになった。その3橋が2000（平成12）年、従来の位置から約4㎞東の稲荷川河口部の両岸に整備された石橋記念公園内に移築・復元された。西田橋は記念館のある西岸公園内、高麗橋は東岸公園内だが、玉江橋は東岸公園から南側の水路を挟んだ祇園之洲公園とをつないでいる。

そもそも鹿児島の地盤は数十～百mクラスの分厚いしらす土壌に覆われ、そして錦江湾に面する市街地は水位も高く、以前より液状化対策が求められてきた。その石橋の移築場所と決定した稲荷川河口部の地盤は、支持層までの深さが19m、そこに石造4連アーチ橋延長49・5m、総重量2000tの石橋を掛ける。アーチは組積造で、その構造自体が文化財でもあるために、鉄筋補強などの耐震補強工法は採用し難い。

移築に際して地盤工学、構造工学の専門家の面々が結集し採用されたのが、液状化層を一種の免震装置として用いる逆転の発想であったという。模型振動実験によって工法の優位性が検証され、その結果に基づき、19mの地盤のうち地表から9mを地盤改

写真5-3　移築される前の鹿児島甲突川に架かる西田橋（1994年撮影）

良し、その上に鉄筋コンクリート基礎が造られ、その上に石が積まれ、西田橋復元工事が完成した。

あえて残した10mの砂層は液状化層ともなるが、これを免震装置として利用する。それは結果として工事費の節減にもつながったとされる。この経緯は構造検証に関わられた吉見吉昭先生（東京工業大学名誉教授）の著書『地盤と建築構造のはなし』(注26)に解説されているが、「目からうろこ」の構造の話が随所に紹介されている。

鹿児島や熊本には歴史的な石橋が実に多い。それらの多くは火山灰土壌の上に築造されている。ひょっとすると肥後種山石工の伝統の継承者・岩永三五郎らは、火山性地震の多発する軟弱地盤の上に重い石橋を造りかつ地震に耐える技術を会得していたのかも知れない。

工学の世界もすべて経験測に裏打ちされ、度重なる震災のたびに、その技法が進化してきた歴史を有するとも言われる。

【注】

注24　遠藤邦彦ほか3名「東京低地と沖積層─軟弱地盤の形成と縄文海進─」『地学雑誌』122（6）968-991、2013年、公益社団法人東京地学協会編集委員会

注25　大崎順彦著『地震と建築』岩波新書、1983/8/22

注26　吉見吉昭著『地盤と建築構造のはなし』技報堂出版、2006/5/15

愛読者カード

このたびは小社の本をお買い上げ頂き、ありがとうございます。今後の企画の参考とさせて頂きますのでお手数ですが、ご記入の上お送り下さい。

書名

本書についてのご感想をお聞かせ下さい。また、今後の出版物についてのご意見などを、お寄せ下さい。

◎購読注文書◎

ご注文日　　年　　月　　日

書　　名	冊　数

代金は本の発送の際、振替用紙を同封いたしますのでそちらにてお支払いください。
なおご注文は TEL03-3263-3813 FAX03-3239-8272
また、花伝社オンラインショップ https://kadensha.thebase.in/
でも受け付けております。(送料無料)

郵便はがき

料金受取人払郵便

神田局
承認

1163

差出有効期間
2025年10月
31日まで

101−8791

507

東京都千代田区西神田
2-5-11出版輸送ビル2F

㈱花伝社 行

ふりがな お名前 　　　　　　お電話
ご住所（〒　　　　　） （送り先）

◎新しい読者をご紹介ください。

ふりがな お名前 　　　　　　お電話
ご住所（〒　　　　　） （送り先）

第6章　沈下修正——各工法の特徴と課題

市内の液状化発生に伴う傾斜被災家屋は戸建て住宅だけでなく、軽量鉄骨造のアパートやRC造の医院、事務所建築なども含め、その総数は9千棟近くに上った。[注27] 被災した家屋はそれなりの数が解体・新築へと向かったが、経済的理由に加えて建て替えに伴う長期の仮住まいを必要とすることから、大半が傾斜した家屋の沈下修正工事を選択している。

その復旧活動には、実に多くの技術者集団が全国各地から参集を得た。筆者の出会った方々は、南は九州・鹿児島、四国・高知、北は東北・岩手等々から、伝統工法を継承する曳家さん、そして新たな技術の地盤改良の専門会社等々、その中には阪神・淡路大震災の際の傾斜家屋の復旧に関わった方々も含め、実に多彩な技能集団の人々にお世話になった。

家屋の水平化工事には様々な工法が採用され、筆者もすべての工法を確認し得たわけではないが、被災直後から様々な文献やインターネット情報、各沈下修正会社のHP等から学習し、各現場段階や事後の相談も含め、様々な課題に直面してきた。また被災した建物も多種多様で、それに見合った工法選択すなわち工事会社選定は、時間との闘いのなかで進められた。

実際、3・11直後のいくつかの建築雑誌などの記事では、その工法分類は十数種にも及ぶが、[注28]

詰まるところ建物床を水平化するために建物基礎ごと持ち上げるタイプと、コンクリート基礎と木部土台とを切り離すタイプ（在来木造軸組構法を対象）とに大別できる。さらに、前者は⑴鋼管圧入工法（アンダーピニング工法）＝基礎下部に継柱式の杭を深く打ち込み、それを反力として確保のうえでジャッキを用いる工法、⑵耐圧盤工法＝基礎下に耐圧盤を構築し、その反力でジャッキアップする工法、⑶注入工法＝薬液等注入リフトアップ工法ともされるが、基礎底盤に膨張式薬剤等を注入し、その膨張力で持ち上げる工法、後者の代表例は、⑷ポイントジャッキ（揚げ舞い）工法＝コンクリート基礎と木部土台とを切り離す工法、である。ここに、技術者集団それぞれが代々受け継いだノウハウや新規の技術開発に基づく各社独自の工法が加味され、その方法はまちまちとも言えた。

一方で液状化被災地では、薬液注入で地盤を固めることで再液状化を抑止するとの情報が流布され、これが各所で選択された。とは言えジャッキの反力確保のための固化という意味で、ここでは耐圧盤工法に分類したが、その境界は実に微妙で、作業を行う技術者集団の使用治具と資材、経験がモノを言う世界でもある。とりわけ薬剤注入工法は地中作業ゆえに筆者らも目視できず、使用材料の配合具合、ノズルからの注入圧力と膨張力、硬化速度などは各社のノウハウだけに、あまり語られなかった領域であった。

それらはいずれも建物全体を同じ工法で揚げることで建物内の歪みを最小限に抑える手立てであり、綿密に計算されて実施されるべきものだが、現実に沈下修正工事後に確認すると、複

工法		鋼管圧入・アンダーピニング工法	耐圧盤＋ジャッキアップ工法	薬液等注入リフトアップ工法	ポイントジャッキ工法 （揚げ舞い工法）
工程	第1ステップ	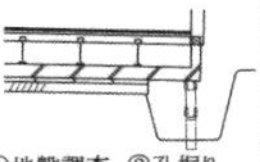 ①地盤調査、②孔掘り、 ③鋼管位置確認、④圧入 ⑤接手溶接	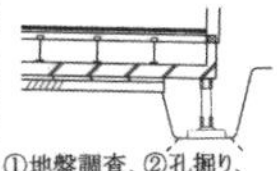 ①地盤調査、②孔掘り、 ③耐圧盤設置、④圧入、 ⑤コンクリートブロック積み増し	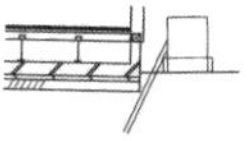 ①地盤調査、②薬液注入位置確認、③注入機械設置、④ノズルを地中に挿入（床下底盤貫通の場合もあり）	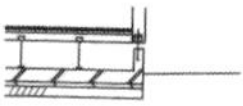 ①コンクリート基礎斫り、 ②木土台アンカーボルト切断またはナット外し
	第2ステップ	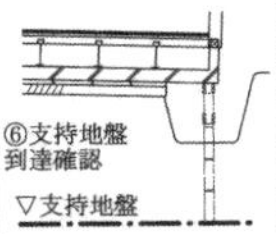 ⑥支持地盤到達確認 ▽支持地盤	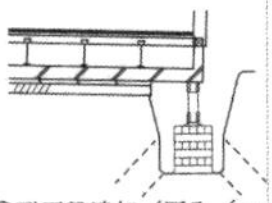 ⑥耐圧盤追加／圧入／コンクリートブロック積み増し瓦復	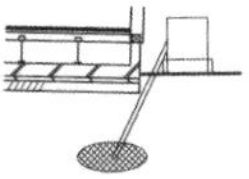 ⑤薬液注入（反力形成） ⑥複数位置に反復	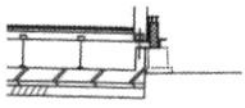 ④爪付きジャッキ設置、 ⑤ジャッキアップ（床下束調整）
	第3ステップ	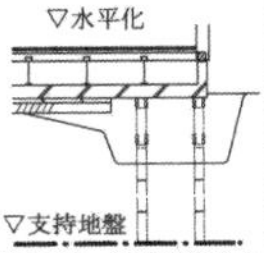 ▽水平化 ▽支持地盤 ⑦再圧入、⑧杭頭支持台設置、⑨沈下修正	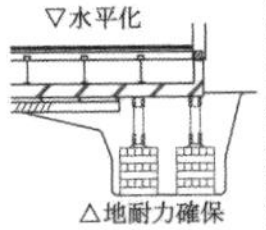 ▽水平化 △地耐力確保 ⑦地耐力確認、⑧沈下修正、⑨ジャッキ／受材交換・定置	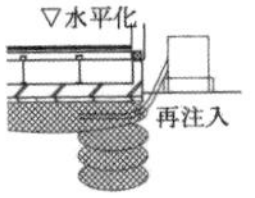 ▽水平化 再注入 ⑦再注入（柱状形成）、⑧再注入（沈下修正）⑨上記反復	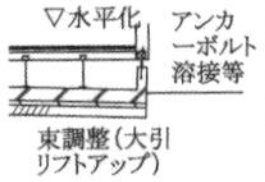 ▽水平化 アンカーボルト溶接等 束調整（大引リフトアップ） ⑥アンカーボルト溶接または高ナット延伸／基礎部と土台緊結金物設置、 ⑦床下束取替（または調整）
	完了	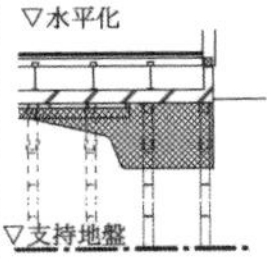 ▽水平化 ▽支持地盤 ⑩埋め戻し／充填工、 ⑪整地	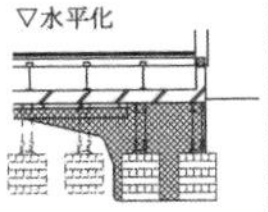 ▽水平化 ⑩埋め戻し／充填工、 ⑪整地	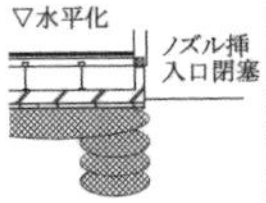 ▽水平化 ノズル挿入口閉塞 ⑩充填確認、⑪整地	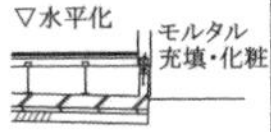 ▽水平化 モルタル充填・化粧 床をはがし、基礎部の補強と床断熱工事を伴う場合もある （建築士の介在） ⑧モルタル詰め、⑨完了
特徴		鋼管継杭が支持地盤まで到達するため、支持本数を増やせば重い建物も揚げることができる。 規準通りの継杭仕様では次なる再液状化の際も、効果が期待できる。一方で浮き上がることもある。	耐圧盤が目標地耐力を確保できる地盤条件が必要となる。支持箇所数を増やせば重い建物も揚げることができる。 建物下部地盤を締め固めるため、再液状化の確率は低くなると期待される。	地中の塊（反力基盤）を構築する瞬結材と基礎下部の地盤に浸透し、膨張リフトアップの遅結材を用いる工法が一般的とされる。薬剤注入は一発勝負に近く経験と勘、レベル計測の精緻さが求められる。	基礎コンクリートと木部土台とを切り離し、ジャッキを用いて建物の水平化を行う工法。工期が短く、安価となるケースが多い。 床を剥がし、内側からジャッキアップすることも可能。
課題		支持地盤が深い場合、鋼材量が大で、工期、費用もかかる。 鋼管径と長さの基準、継ぎ部の接合強度の確保。 不足すれば、次なる地震で折損、部分的な浮き上がりの心配がある。 建物中央部の施工にはトンネル状通路が掘られ、水平化完了後の埋戻し、充填は念入りに行う必要がある。	建物が重い場合は、目標地耐力確保のため、耐圧盤はより深い部分まで沈められる。 建物中央部の施工にはトンネル状通路が掘られ、水平化完了後の埋戻し、充填は念入りに行う必要がある。 工事中の計測と微調整は常に必要な工法でもある。	薬剤固結は地盤の浅層にとどまり、再液状化防止には結びつかない。 部分注入は後に不等沈下につながり、建具の不具合等の発生事例もある。 薬剤が隣家下に浸透させない準備工事が不可欠。 床下から基礎コンクリートを穿孔・注入工法もある。 建て替えの際に地中に残る固結塊の除去が必要となる場合もある。	基礎と木部土台をつなぐアンカーボルトの切断や斫り出しもしくはナットを外した状態で、モルタル化粧で終わるケースにも遭遇した。 アンカーボルトの溶接または高ナット連結、緊結金物で補強する必要がある。 水平化を急ぐ場合は、それを許容し、別途補強工事を行うこともありうる。
工事費		概ね1000～2000万円 （地盤深さ、継柱本数、発注経路等で異なる）	概ね500～1000万円 （地盤状況、耐圧盤数、発注経路等で異なる）	概ね300～2000万円 （地盤状況、注入薬剤量、発注経路等で異なる）	概ね200～500万円 （建物規模、手間、発注経路等で異なる）

図6-1　小規模家屋の液状化修復の主要な工法一覧（筆者作図）。図は筆者宅の沈下修正工事会社のHP上に掲載された工法の図を簡素化してトレース。その他、日本建築学会HP・復旧・復興支援WG「液状化被害の基礎知識」2011年8月（注28）も参考となった。なお、工事費等は東日本大震災復旧支援の際の実績値も加味して補正した

数の工法の組み合わせつまり合わせ技による事例も少なくなかったのである。

次なる地震時に地上部の建物がどのような挙動をし、また地中に挿入された物体がどう動くのか、その意味も含めて筆者は、建物の構造的一体性確保の観点から、複数の工法の合わせ技には警鐘を鳴らしてきた。その具体の課題等も挙げておくべきと考え、あえてここに紹介する。

1　鋼管圧入（アンダーピニング）工法とそれに類する工法の場合

鋼管圧入＝アンダーピニング（under pinning）工法という名称が、3・11以降多く見かけられるようになってきた。この工法は、支持地盤が浅い場合は確実に建物を揚げることができる。英語のアンダーは基礎下、ピニングとはピンを止める訳だが、土質の世界では「下に設ける杭」という意味を指す。既設構造物の基礎を補強する工事として、近年では既存構造物を残しつつ下部に新たな構造物を構築する手法も採用されている。あらかじめ空洞をつくり、そこに短い鋼管杭を搬入して建物の荷重（反力）で地中に打ち込み、その都度溶接などで継いで支持地盤まで到達させる工法で、大小を問わず建築や土木工事で用いられてきた。とりわけ歴史的建物の保存修復の際に採用される免震構造の、基盤構築の際にも用いられる。まさに縁の下の力持ちという工法である。

支持地盤が深くかつ小構造物の範疇の戸建て住宅にこのアンダーピニング工法が使われるの

写真6−1　市内でみかけたアンダーピニング工法の継柱式鋼管

写真6−2　沈下修正アンダーピニング工法の現場でみつけた地盤改良杭

は稀だが、その沈下修正現場にいくつか遭遇した。現場にはすでに地下に作業員が潜る孔が開けられ、家屋基礎下の先にはジャッキを据え付けられ、それは細い地下通路でつながっていた。

それぞれの孔は概ね1m立方程度、その中に作業員が1人入り、黙々とジャッキで地中深く打ち込むという。その現場には90cm近くの長さの20cmΦ程度の鋼管が数十本も置かれていたが、1カ月後には消えていた。全てが地下に納まったはずだ。どうも軽量鉄骨造3階建て家屋で、鋼管の間隔が関東間の尺モジュールだと1・8m程度、計算上は6×6本計36本、それを支持地盤まで建物基礎を反力で沈めて行くこととなる。

施工計画書も施主さんに直接確認して拝見したが、目標深は30mとのこと、その総数だけでもかなりの本数になる。近傍の地盤データでは50~60m深も確認していたが、そこは運よく浅い場所だったのだろう。それは第5章に記述した下総台地から舌状に突き出した基底地盤の位置だったのかも知れない。

もう1人の作業員が別の孔から土を搬出し、土嚢袋に詰めていた。それは日々繰り返され、建物脇の道路片側にうず高く積み上げられていく。鋼管継杭の打ち込み作業は続き、その後ジャッキを用いて水平化が完了した。その工事中に筆者宅の沈下修正会社の役員さんとこの現場をご一緒した際、「この鋼管の継ぎ足しの接合部に2本のボルトが差し込まれているだけ、また差し込み長も浅い。こんなつなぎ目じゃ何十mも継いで打ち込んでると、次の大きな地震の時に何本かは座屈するってこともあるんじゃないですか。杭の総延長に対してこの太さでいいのかな」との気になる発言をされた。どうもいつもは大きなビルの現場を経験し、太い鋼管継柱を使用されているらしい。戸建て住宅の修正工事ゆえ簡易接合方式が許されているのだろう、とも類推したが、インターネット検索や文献を当たったものの、結局辿りつけないまま長い時間が経過した。

建築の杭長と杭径の基準を見ると、小口径鋼管杭工法も性能証明取得工法、大臣認定工法の部類だが、長さは軸部杭径の130倍以下とされ、直径20cm程度の鋼管が30～50mとなると細すぎるし、仮に支持層まで届いているならば、再液状化の際には、一種の「抜け上がり」という事態も無いわけではない。何本か座屈で曲がればどうなのだろうか、との懸念もある。確実に建物を揚げる反力を得られる工法ながら、気がかりは尽きなかった。

その後、同工法は近くのアパートや小規模ビルの沈下修正工法として使われていた。どうも同じ沈下修正会社の作業らしい。とは言えこの被災地一帯は支持地盤が深い位置にあるがゆえに、最も高価な工法のひとつとも言えるのだろう。

この鋼管圧入工法の確実性から、市内の沈下修正においてサイドピニングという工法が使われたことを耳にした。建物の傾斜側すなわち多くは隣地側だが、そこに孔を掘り、この鋼管圧入で片面もしくは外周部のみ持ち上げる工法が、ある時期から採用されたようだ。明らかに全面的なアンダーピニング工法よりは継ぎ式鋼管の使用量は少なく、安価になることは理解できる。しかしこの部分的な処置では建物側に歪(ひず)みが発生するはず、そこで後述する耐圧版工法や揚げ舞い工法が併用されて水平化が行われたのではないか、と読み取った。

案の定、事後に数軒から不具合の確認の相談が舞い込んだ。床下を確認すれば、明らかに合わせ技で沈下修正つまり水平化が行われていた。どうも修正工事完了から数週間後には建具の調子が悪くなったとのことから不審に思われ、ＮＰＯへの依頼となった。筆者の現地調査でも一日でそれは判り、歪みデータも計測できた。すると基礎自体が歪んでいることも判明した。

後日、施工した工事会社立ち合いのもとで協議したが、結局のところ微調整は、床下の束金物の上げ下げで対処せざるを得なかった。次なる地震時、そのお宅はどう揺れるのか、また経年の地盤圧密沈下なども気になるが、その工法を選択されたご当人に言える話ではない。このような被災された方々へのアドバイス役として建築士の存在は重要なのだが、事後であれば対症療法でしか選択の余地はない。

後に気付いたことがある。これはあくまで推論の域を出ないが、砂層の地中深く打ち込まれた簡易ボルト接合式の継鋼管の次なる地震時の懸念について、幼き頃に遊んだ「竹へび」のように、大きな揺れの場合はしなやかに曲がるのではないか。そうならば表層地盤の揺れに追随して建物も動き、地震力を和らげてくれる可能性もない訳ではない。インターネット上で「郷土玩具」「竹へび」と画像検索されれば、その原理はお判りいただけるだろう。そうなれば家屋の浮き上がりも回避でき、設備配管への負担も軽減される。こんな楽観的解釈も、復旧のさなかの癒しのひとつだったのかも知れない。

2　耐圧盤＋ジャッキアップ工法の場合

この工法は筆者宅の水平化の際に採用した工法だが、1階RC造2階木造の特殊な住宅だったがゆえに、迷いもなく、それを得意とされた伝統的曳家の会社にお願いした。これはアンダーピニング工法と同様に、室内に居住しながら工事される、つまり外周から行う工法である点も、採用理由のひとつとなった。しかも市内に数多く存在した構法認定のプレハブ住宅も基礎部の改変にはならないことから、沈下修正工事としての採用事例も多かったように記憶する。

この工法は、一般的には建物の荷重と基礎形状、柱・壁の位置を確認し、ジャッキの位置・数量を計算し、施工計画書が提出される。筆者が自宅をいち早く沈下修正を完了したという経緯もあって多くの相談が寄せられ、その現場を訪れることも多々あった。そこでこの工法にも、沈下修正前の地盤の反力確保にいくつかの手法があることを確認した。

最も多く遭遇した事例は以下のようなものだ。木造などの軽い建屋の場合、外周基礎の下に作業員が潜れる寸法の概ね1m立方サイズの孔を掘り、そこから建物下のジャッキが据え付けられる位置までトンネル状の水平通路を掘り進む。必要ジャッキ数の地面に地盤固化の薬剤を流し込み、固まったところが揚げるための反力基盤となる。設置個所数や位置はその経験と勘

写真6－3　耐圧盤設置のための孔掘り完了後の鉄板敷設後のコンクリートブロック搬入作業中の光景

写真6－4　土嚢袋に詰められた掘削土が一杯となり、道路際にもうず高く積み上げられていった

で決められ、計算結果が施工計画書に示される。実に危なっかしい難しい工法のようだが、伝統的な工法のひとつと言う。

ジャッキアップは油圧の手動式を小まめに移動させる方法もあれば、連動式ジャッキで一気に揚げていく方法もある。それは作業にあたる会社の機材と人員にも依るらしい。この工法も掘削土が土嚢袋に入れられ、敷地内や道路際にうず高く積まれていく。置場が無ければトラックで搬出され、工事が一段落すると戻される。

筆者宅は建物が重いがゆえに、耐圧盤づくりも大掛かりなものとなった。揚げるのは連動式油圧ジャッキの使用となったが、建物基礎底盤厚が住宅としては分厚い30㎝、ダブル配筋が幸いし耐圧盤設置は7カ所に留め、T字状の平面形状ゆえ、すべて外周部に反力確保の位置を決めることができた。1カ所当たり100t／㎡（千キロニュートン・kN／㎡）の地耐力を目標とした。孔の下部に鉄板が敷かれ、その上に井桁状に15㎝角×90㎝のコンクリート製ブロックを6本ずつ交互に並べ、それを作業員がジャッキの圧力を計測しながら沈めていく。

作業員の方が途中で「この地盤はズブズブや」と呟いたのを記憶する。建て替え前の地耐力調査は何だったんだろうか、との疑念も湧いた。「液状化後の砂にはこの家を揚げる反力は確保できるんでしょうか」と曳家会社の役員さんに質問したが、砂地は泥土と比べて地耐力の確保は容易とのこと、これも経験則に基づく話と理解した。程なく目標地耐力が確保できた。それが延々と7カ所で2週間も要したことになる。

1か所当たり平均2日、当初案では個所数も多かったが、基礎の分厚い耐圧コンクリート盤と床下梁の頑強さと、工期短縮を最優先に個所数を限定した。その埋め込まれた耐圧盤の深さは最大3・2m、最小で2・4mと告げられた。上面の既存コンクリート基礎とジャッキスペースを差し引くとしても、沈められたブロックの段数は12〜18段、平均を15段としても6列×7カ所で630本の計算となる。孔掘りの途中にもう一台のコンクリートブロック積載の大型トラックが来たのは、そんなズブズブの砂地を固めた結果なのだろう。その意味では建物下の地盤もそれなりに締め固められたと見る。その締め固められた砂地盤は次なる地震で再液状化を抑制して残り続けるのか、再液状化とともにそのブロックは地中深く沈んでいくのか、それは何とも言えない。

最終的なジャッキアップの際には各箇所に1〜2人が見守る中、玄関先に連動油圧ジャッキのコントローラーが置かれ、微妙に調整を繰り返し、約1時間で水平化が完了した。各油圧ジャッキは4つ脚のねじ込み式の固定金物に置き換えられた。隙間には掘削土が戻され、周囲には合板型枠が置かれ、そこに一定間隔に細径の塩ビ管が置かれていく。これも機械制御で発泡コンクリート（エアーモルタル）がゆっくりと充填される仕掛けだった。

その様子を室内から見守ったが、充填とともに床の軋みが無くなったことに気付いた。基礎底盤が一部撓んでいたのが、充填で面荷重となり無くなった。塩ビパイプから発泡剤が噴き出す度に塞がれ、隙間が埋められていくらしい。まさに伝統工法と最新技術の融合の結果なのだろう。

その沈下修正工事つまり水平化が完了したのが、3・11被災から50日後、5月1日（日）のこと、どこで聞きつけたのだろうか全国放送のテレビ局が撮影に来て、筆者が外に出た際にインタビューを受けてしまった。その様子は翌2日には放送されたと近所の方から教わったし、後に郷里の旧友からも聞いた。結果的に早期の水平化は復旧への大きな力となったらしい。

耐圧盤工法の特徴は、事前に建物を持ち上げるための荷重と重心位置を図面から読み取り、反力確保すなわちその基盤づくりが最も重要な作業となる。そのため建物外周だけでなく形状によっては中央部またはその近傍にジャッキ位置を定めるべく、基礎下部に前掲のようなトンネル状の通路を確保し、耐圧盤を構築するわけだが、その位置決めは工事会社任せとなる。仮に耐圧盤が多少沈んでも、ジャッキのストロークで揚げるか、いったん外してコンクリートの打増しで何とかなるとの話だった。

そのなかでいくつか気になる事例に遭遇した。耐圧盤工法に筆者は分類したが、薬液注入で地盤強化を謳い、外周からのみジャッキアップする現場である。トンネル状の水平方向の孔を省略し、外周からのみの薬液注入で地盤を固めて一種の耐圧盤すなわちジャッキアップのための基盤の支点を構築したともいう。この工法は建物沈下修正だけでなく、地盤補強となるとの触れ込みで、いち早く市内に拠点を構えて幾軒かの実績を挙げていた。

だが、建物中央部には反力支持点は造れないはずで、その工法採用の現場近くを通ると、中

写真6-5　市内の耐圧盤工法のトンネル掘りの現場。水平化が完了すれば埋め戻される

写真6-6　市内で見かけたコンクリート耐圧盤の上に置かれた油圧ジャッキ

から「ギギギー」という音が聞こえた。どうも内部では、床下に作業員が潜ってコンクリート基礎と木土台との隙間にバールか何かの治具を挟んで揚げていたとしか考えられない。気になり、修正工事後にそのなかの一軒にお願いして床下調査を行った。大引や根太の類は木製束が金属製の調整束に置き換えられていたが、コンクリート製布基礎は明らかに「く」の字に折れて、その隙間には木片や分厚いモルタルが充填されていた。これは後述する揚げ舞い工法と耐圧盤工法の併用工法と判明した。

このように市内の多くの修正現場で併用工法が罷り通っていたことは想像に難くない。それが市内有志で組織したＮＰＯの設立理由ともなった。

3　薬液等注入リフトアップ工法の場合

この工法も市内で多く採用されたらしい。この工法には大別して2種類がある。⑴建物の床下に作業員が入り、コンクリート基礎底盤にドリルで細径の孔をあけ、ノズルを挿入して薬液を注入し、その膨張圧で床を持ち上げる方法、⑵建物外周部から注入し、その膨張力で沈下修正を行う方法、であり、この2種類が混在した。

筆者宅もいち早くこの工法に目をつけ、⑴を候補のひとつとしたが、沈下量が大きいためか見積額が非常に高額となり、断念した。リフトアップの薬液には、無機材であるセメントと水ガラス（珪酸ナトリウム）の発泡性水溶液、そして有機材の発泡ポリウレタン系の樹脂などが用いられ、それぞれ会社ごとに独自の方法で建物の沈下修正が行われてきたことも確認した。

(1)では床下のべた基礎の盤に小さな穿孔が多数開けるが、鉄筋位置は機材で確認しながら工事を進めていくらしい。注入される発泡材（薬液）も建物端部は瞬結剤を用いて外周への漏れ出しを防ぎ、家屋の中心側は緩やかに膨張する薬剤でじわりじわりの土と盤の間に挿入して、建物傾斜の水平化を促すとの話だった。一方、(2)のケースは油圧の加圧注入機から地中に長いノズルを挿入し、その先から噴出した薬剤の発泡力で傾いた家を水平化する方式と聞いたが、残念ながら筆者はその水平化の現場には遭遇していない。そのため、どこまで沈下修正に有効に働いたかは、証言する立場にはない。

とは言え、いたるところで薬液注入工法は次なる液状化を防ぐ手立てとして、実際に採用されたと聞き及ぶ。その間、いくつか気になる案件にも遭遇した。これらも記述しておこう。

これは冒頭にも解説したが、加圧式の薬液注入法のなかにはノズルの先から噴出された薬液が隣地の庭から白っぽい液が噴出して固まった事例や、隣家の基礎下で膨張したために建物が持ち上げられたという悲惨な事例もある。後者の事例は筆者にその当事者の方から直接協力依頼があり、いったん水平化が完了したはずが、明らかに傾斜が認められた。庭には薬液の噴出痕や隆起した部分があり、それが基礎下まで続いていた。地面はすでに掘削され、筋状に隣地から侵入してきたことが確認できた。つまり筆者宅で被災直後に相談した地盤改良工事会社の担当者の、「矢板を事前に打たない限り……」の言葉が現実に起きたことを知る。それは補償工事の枠での再度沈下修正となり、ほどなく再水平化完了の報告を受けた。

その話が契機となったのだろうか、前掲の隣地境界部は耐圧盤工法を用い、注入工法は影響の少ない範囲で実施する事例が増えてきたように記憶する。

次に紹介する事例は、被災から半年近く経た頃、道路の建物際に注入機械を積載したトラックを横付けた現場に遭遇した。作業員に質問すると、「会社からの指示で注入を行っているだけで、家の中では沈下修正もしています。これが液状化防止になるかと聞かれても判りません」との回答だった。挿入されたノズルの長さも確認できたが、挿入角度から見ると、沈下修正ではなく地中に塊を造る作業らしい。そのさなか、家屋の奥でまたもや「ギギギー」という音がした。ここも別の作業員が沈下修正の際に木の土台を持ち上げているらしい。後に居住者に確認すると、都内に住むご子息の指示でその会社に地盤強化と沈下修正をお願いしたらしく、「ようやく平らになりました」との安堵の声で、やはり信じることが今は幸せになれるんだと、その場を立ち去った。


以降は後日談である。あれから10余年を経過し、液状化被害で傾き、沈下修正工事を施されたあるお宅が引っ越しされた。その家屋は解体されて更地となったが、その後何日も地中の何かを機械で斫る音が近所に鳴り響いた。新たに入居される方が建て替えの際に新たな液状化対策を施すべく、地中の障害物となったコンクリートの塊を除去されていたのだろう。案の定、重機を用いて砕いた破片が露出していた。

その後新たな大型の地盤改良杭工法らしきものが施工され、新しい家が建つところまで進んだ。全ての塊が取り除かれたかは不明だが、これも不動産売買の際の重要事項説明書に記載された事項ゆえに、支障箇所と特定された場所のみの除去作業が行われたと見た。そのお宅からも被災直後に筆者に相談が寄せられたが、近隣で行われていた薬液注入＋ジャッキ工法を独自に選定された。筆者もその施工計画書を閲覧し、地中にはそれなりのボリュームの注入材が使用されたことも確認していた。

いま振り返れば、当時はこの薬液注入リフトアップ工法には玉石混交の感があったことは否めない。しかし今や着実にその技術を進化させ、土木や建築分野で大いなる力を発揮している。新たな液状化被

写真6-7　家屋解体後に地中から掘り出されて砕かれたコンクリート塊の一部。おそらく支障箇所のみの撤去になった模様

害発生の際には強い味方になってくれるものと期待しうるが、それには建物基礎部の形状や構造との適合性が求められていることも忘れてはならない。それを判断するのは、あくまで当初設計に関わった建築士の領域なのかも知れない。

コンクリート製べた基礎の下部地盤に薬液を注入し、その膨張力で傾いた建物を水平化する。注入方法はそれぞれの技術者集団によって異なるが、その作業に耐えうる基礎底盤の厚みと配筋には留意される必要がある。

4　揚げ舞い工法の場合

揚げ舞いという用語は馴染みのない方も多いだろう。筆者も3・11以降の学習で知り、意外と古くから沈下修正に使われた工法だったと知った。当時の液状化に伴う沈下修正工事を紹介した雑誌の記載では、「プッシュアップ工法」「ポイントジャッキ工法」とも解説されていた。

原理は至って単純である。近年の木造住宅の場合、コンクリート製の基礎上に木製土台をアンカーボルトで留め、その上部に柱や筋交い、梁を配置し、平屋の場合は屋根を置いている。2階建ての場合は床が2層分載ることになる。液状化で傾斜した建物のコンクリート基礎は周囲の地盤とともに沈下しているが、その状態で基礎はそのままとし、木製土台上部を水平化する工法にほかならない。

写真6-8　揚げ舞い工法。床下に作業員が入り、内側から爪付きジャッキで持ち上げている

写真6-9　揚げ舞い工法での沈下修正光景。これは外から土台をジャッキアップしている

木製土台とコンクリート基礎を固定していたアンカーボルトを切断するか、上のナットを外し、隙間に楔や爪付きジャッキを仕掛けて持ち上げる。建物外周からコンクリート基礎の一部を斫り、そこにジャッキを挿入して、土台や大引と基礎を引き離す。また建物内部の床下は鋼製調整束に置き換え、微妙な高さ調整を行うことができる。最後に隙間にモルタル等を充填して、外周基礎は化粧モルタルで仕上げを行う。

最も安価で確実な沈下修正工法として、木造在来住宅では多用されてきた。筆者も相談を受けた際、条件付きながら確実な工法として紹介してきた。その条件は、沈下量は概ね10㎝未満であること、そしてアンカーボルトの切断を行った際には溶接か高ナットでつなぐ、もしくは替りの金物補強を行う、つまりコンクリート基礎と木土台は緊結されること、その2点である。

前者は多くの文献にも紹介されているが、被災地ではその数値を超える家屋で採用されてきたことも書き残しておく必要があるだろう。筆者も気になった点だが、当初は実績ある伝統工法の職人さんたちを信頼し、かつ健康被害を鑑み早急に水平化をなされることを優先した。まして布基礎工法の家屋には他の工法を勧められる状況にはなかったことも事実である。

後者の金物補強は意外と知られていないだろう。この工法はわが国の木造構法の沈下修正技法として古くから継承されてきた。かつては玉石の上に柱を建てる石場建て構法で、この工法は同様の根絡み工法をともに、曳家移築の際に各地でその技術が伝承されてきた。

それが関東大震災を契機にコンクリート基礎の布基礎やべた基礎となり、双方の間を鋼製アンカーボルトとナットで緊結する構法となった。つまり揚げ舞いの前段作業で、その土台上部のナットを外す作業が必要となったのだが、これが実は大変なのである。そのために作業員は床下に潜り、コンクリート基礎と土台の隙間から目視するか、磁石等を用いて鉄製のアンカーボルトの位置を探り、手を伸ばしてスパナでナットを外すことが必要となる。しかし床下からナットに手が伸びるのか、という疑問も湧く。

それが難しいとなると選択肢は大きく3つ、一つは床上の内壁を壊してナットを外す。二番目は床下でコンクリート基礎と木土台に間にバール類を挟み、金切り鋸でアンカーボルトを切断する。三番目はコンクリート基礎を内外から斫ってアンカーボルトが動く状態にする。また、アンカーボルトの余裕長が無ければ高ナットで延長できるが、これが可能なのは一つ目の方法しかない。

しかし、被災者は生活を継続しながらの工事を期待する。そうなると後の2つを選択するしかない。つまりアンカーボルトは何らかの形でフリー状態となり、コンクリート基礎と木製土台が分離されていく。その後は爪付ジャッキなどを用いて水平化を完了する。

問題はその隙間の処理、外れたアンカーボルトの後処理である。隙間は寸法を合わせて木片やモルタルで処理できるが、切断された部位は別途コンクリート基礎と木土台に穿孔して貫通ボルトを通し、両者を緊結金物で固定する。それを筆者なりにアドバイスしたが、他はどうされたのかは知る由も無い。

その渦中にこの工法の沈下修正工事会社から直接話を聞く機会があったが、「代々この工法は置き式で対応しており、当社ではアンカーボルトは切らせていただく。そして土台はそのままコンクリート基礎の上に置きます」と公言されていた。筆者は疑問を呈すも、「神社やお寺も玉石基礎で置かれたまま。何が悪いんでしょうか」との回答に、返す言葉が無かった。工事が手早く安価にできるということで、この沈下修正工事会社に依頼が殺到したらしい。

もう一つの危ない発見が、三番目のケースである。通りがかりに見かけたが、外周から基礎コンクリートを斫り、アンカーボルトがむき出しになっていた。しかも作業員が床下に入るための穴も基礎コンクリートに大きく開けられている。数週間後に見ると、そのお宅は見事に水平化され、外周はモルタル充填と補修で対応されたようだ。

同じ方法が建物内でも行われたとすると、大きな台風や地震の際に揚力が発生した場合、建物はどうなるのか、気になる点も残されたままである。

ちなみに沈下修正後に確認の相談があったお宅には、床下に潜り、アンカーボルト切断の有無を確認し、切断状態の箇所はあらためて工務店にお願いして金物補強をして頂いた。その意味では、土台のアンカーボルト切断の状態のお家で住まい続けられている方々も少なくないのだろう。

最後に、沈下量が10cm超のお宅の沈下修正と基礎・建物補強を建築改修工事として工務店にお願いしたケースを紹介しよう。これは筆者と大学研究室の学生たちも協働した。

写真6-10　アンカーボルトを切断された住宅の床下部分。明らかに揚げ舞い工法の限界値以上に揚げられ、モルタル補修跡が痛々しい

写真6-11　沈下修正の際に基礎コンクリートを斫り、アンカーボルトを露出させている現場

傾斜した築30余年（当時）の木造家屋であったが、床組みを取り外し、木土台を爪付きジャッキで嵩上げすなわち水平化を行い、コンクリート布基礎の内側に新たな鉄筋補強のべた基礎を造り、さらに床の断熱補強に内壁の構造用合板による耐震補強を含むリフォーム工事を提案し、ご家族は仮移転を了承された。工期は約1カ月。費用は沈下修正支援金も含め、施主さんの許容予算内に収まった。これは工務店さんの工夫の賜物だが、学生たちも日々現場に通い、現場代理人の方や作業大工の方々から多くのことを学んだようだ。また、運よく向かいの家が空家で仮移転が可能だったことも幸いした。

ちなみに配管類も汚水管以外は筆者宅の場合と同様、基礎に抱かせて地上露出式とした。再液状化の際に揚げやすくするための配慮でもある。基礎コンクリート盤も強靭となり、次なる地震による再液状化の傾斜の際には他の工法も選択できる。現場写真と図面から、その様子が読み取れるだろう。

この方法を提案した背景には、沈下修正を必要とする被災家屋数とその工事を請ける沈下修正工事会社、実際の作業を担当する職人さんや作業員も不足し、需給関係のひっ迫から沈下修正工事費が高騰したという事情がある。まして遠方から駆けつけ、家族と離れて宿舎を確保し、床下に潜る過酷な作業を考えれば、作業単価や経費も含めて通常の工事とは異なる世界となっても不思議ではない。それが、在来木造工事の工務店の応援で、水平化と基礎補強工事、そして床下断熱、壁面の構造補強含めての総工事金額が、近隣の沈下修正工事のみの場合とほぼ同

写真6–12〜17　当時の筆者の大学研究室で支援した大工さんたちによる揚げ舞い工法の沈下修正と構造補強、断熱改修を同時に行った事例／（右上）既設床解体／（右中）爪付きジャッキによる水平化作業中／（右下）水平化完了／（左上）布基礎↓べた基礎補強配筋／（左中）べた基礎コンクリート打設／（左下）内装復旧工事作業中

図6–2　沈下修正＋床断熱・べた基礎補強説明断面図

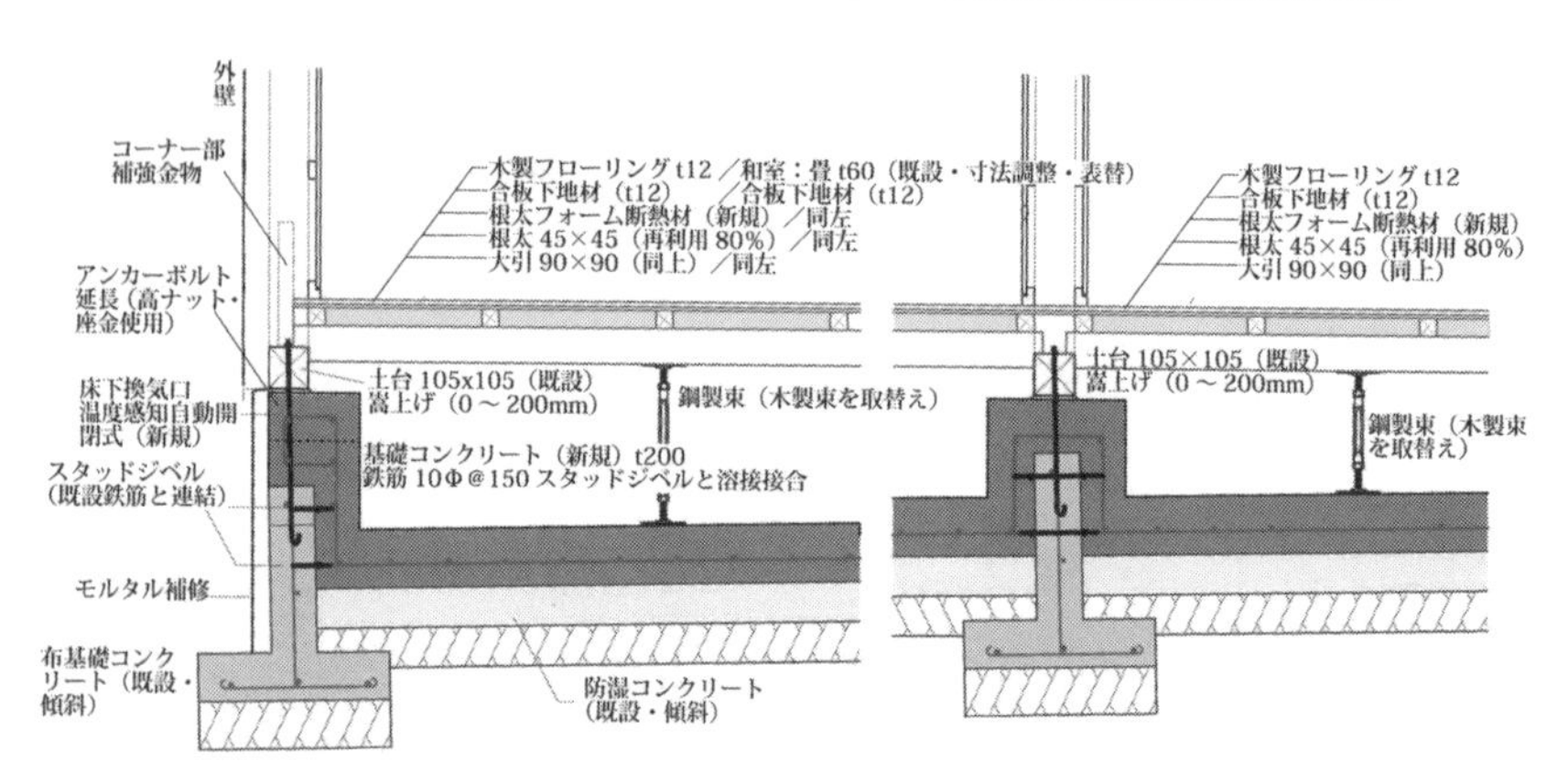

額に収まった。このような知恵も、数々の沈下修正工事を観察し続けた建築士ゆえに可能だったように思える。

そう考えれば、万が一再液状化で傾斜が発生した場合の備えとして、宅内引込設備管の設置位置なども含め、設計段階から考えておくことが必要なのかも知れない。それは、設計依頼をされた戸建て住宅等の小規模建築の地盤の、液状化可能性の有無確認の後に考えておくべき課題であろう。

あれから10余年が経過した。そのご家族とはたまにお会いするが、沈下修正にあわせた改修で、建物の快適性は高まったとのことだ。ボランティア建築士として活動できたこと、そしてそれに協力してくれた今は社会人となった当時の学生たちにも感謝したい。

【注】

注27　市内の平成23年6月時点での建物被害認定の件数は、調査物件数9795のうち、全壊14、大規模半壊1419、半壊1939、一部損壊5153、損害なし1270と報告されている。この認定は5月2日付け被害判定の緩和後の新基準による。その後の傾斜の再調査（第1次再調査）や二次調査により、今後、総数および内訳は変動になる可能性があると記載（出典：浦安市HP）。

注28　日本建築学会の公開資料（当時）、基礎構造運営委員会小規模建築物基礎設計小委員会資料、2011」。その他、筆者も取材協力に関わった『建築知識』2011年6月号、エクスナレッジ（2011／5／20）、日本建築学会住まい・まちづくり支援会議「液状化被害からの基礎知識」も参考にした。

第7章　復旧を支えたコミュニティの力と情報ネットワーク

1　インフラ途絶のなか、自治会復旧委員会が立ち上がる

震災翌日の帰宅以降の活動は前述した。初日の調査が縁で自治会復旧委員会（正式名称：〇〇自治会住宅傾斜問題対策委員会）が立ち上がる。メンバーは会長、副会長、防災担当役員、それに筆者が参加し、必要に応じて各ブロック選出役員が出席することとなった。いつもは挨拶程度の間柄が、被災を機に助け合う。お互いに状況を確認し合い、道路内や宅内の噴出砂泥の搬出協力、そしてインフラ途絶の中の生活の工夫に関する情報交換が始まった。これこそ近隣コミュニティの共助の仕組みなのだろう。

当自治会範囲の傾斜家屋は約半数に留まり、噴出砂泥の量は市内の被災地域のなかでは比較的少なかった。そのため市内に駆けつけた復旧ボランティアの方々の手を煩わせることには至らなかったと記憶する。

前掲のように被災から1週間後の3月18日に作成したのが、「東日本大震災の液状化被害・

○○内建物の傾き状況およびその回復工法について」（A4判4枚）である。それは委員会メンバーに回覧のうえ、その翌週（26日）には勉強会が開催された。

筆者が講師役を引き受け作成したのが、パワーポイント60頁あまりの調査データや復旧工法の紹介などの資料であり、つまり本書前章までの骨格はこの時点で作成されている。当日の自治会集会所会議室は満席となり、参加できなかった方々への情報共有のために、資料は自治会回覧板とともに全戸配布となった。

その内容はあらためてウェブサイト上に公開したが、市内の一部の被災者間にも共有されたことを後に知る。そして4月2日夜のまちづくりに興味のある仲間たちとの会合「街人（まちうど）の広場」で、前記資料のバージョンアップ版を用いて状況報告を行ったが、それが建築雑誌『日経アーキテクチュア』（4月22日号）への掲載の契機となった。

また自治会第二回勉強会（4月24日）が続き、資料も「湾岸埋立地の次なる自然災害への備え、そして今回の震災被害の回復にむけて」に衣替えとなった。自治会第三回勉強会は6月26日の開催で、いずれも会場は満席となった。

これも前述したが、筆者宅の沈下修正開始は被災1カ月後の4月13日、連動式油圧ジャッキを用いた水平化作業は5月1日で、その作業は近隣の方々が大勢見つめるなか半日で完了した。それを機に筆者の住む町内の沈下修正作業は一気に加速したようだ。

筆者にも沈下修正工事の工法確認や見積もりチェックなどの相談が舞い込み、現場確認もその都度行った。その甲斐あってか、この町内の復旧進捗率は高かった。[注30] 被災から約1年後の2012年3月3日の日経新聞記事には、「傾く我が家　重い負担　千葉・浦安市8割液状化、訴訟も、住民、工事にためらい――補助を申請できるのは工事終了後ということもあり、1月末時点の利用率は市の制度で10・6％と低迷」の記載だが、この町内は大きく上回る復旧すなわち水平化の進捗率となった。

2　市内の被災仲間の情報ネットワーク構築〜新たな浦安の「再生」「創造」

前述の「街人の広場」は4月2日に続き、5月28日「浦安市における地盤の液状化被害、修復その後」、7月30日「東日本大震災液状化被災からの回復シリーズその3　浦安市における地盤の液状化被害、修復その後パート2」へと続く。

復旧のために市役所や県、消防、警察等の組織に加え、民生委員の方々も奔走されたのは言うまでもないが、自治会や管理組合においても、被災直後から居住技術者たちが活動を展開した。それらのキーパーソンとなった方々が「浦安復興支援ネットワーク」を立ち上げた。程なく「浦安創生ネット」と改称し、「復旧そして〜新たな浦安の『再生』『創造』」とのキーワードが掲げられ、大きな力となった。

たとえば集合住宅のマンション等は杭支持工法ゆえに傾斜を免れたが、敷地内の噴出砂泥の除去作業、そして段差解消も含む外構施設の復旧工事等の発注作業は各管理組合を中心に行われた。そこには組合理事だけでなく自治会役員、在住の何らかの専門知識を有する方々が名乗りを上げ、チームワークで復旧に取り組んだ。前掲の筆者の研究室学生の修士研究「住民組織による復旧活動の活性化要因に関する調査研究―千葉県浦安市を対象として―」の成果では、コミュニティの成熟度と復旧スピードの関係に相関があることを示していた。また筆者がかつて住んだ団地も一部に噴出砂泥があり、それは住民総出でいち早く片付けられたと聞く。

またあるマンションではたまたま管理組合理事長が建築士の方で、インフラ途絶の中、下水管の流量状況確認の後、各棟階数ごとの使用輪番制を提案し、無事インフラ復旧までの生活を続けられたとも聞く。その他、民間マンション

写真7-1　被災直後に始まった市内有志の情報交換会の光景。建築士だけでなく様々な方が集まった

や団地においても様々な住民活動が展開された。戸建住宅地はその役割を自治会が担い、各自治会役員や在住の技術者の方々が奔走した。

このように液状化被災からの復旧活動は各所で進められた。またIT通の方々がインターネットを通じ情報発信され、共助の仕組みが構築されてきた。

市民ネットが横つなぎ役となり、情報交換会が公民館などで開催された。まさに時代の変化に即応したメールやSNSを活用した新たな情報ネットワーク構築であり、それを介して各管理組合で専門家や研究者の方々を招聘する勉強会が行われた。筆者もいくつかの管理組合や自治会、そして「浦安創生ネット」の勉強会に招かれた。

ちなみに前掲の学生の研究修士論文は筆者の所属大学の大学院理工学研究科建設工学専攻（当時）の修士研究（論文・設計を含む）最優秀賞（有元賞）となった。時宜を得た研究となった訳だが、市民ネットの方々へのヒアリングの傍らでそのサポート役を担ったことも、評価

浦安在住の識者・専門家と考える浦安復興市民セミナー

東日本大震災以来、液状化セミナーに関連するセミナーが数多く開かれていますが、当セミナーでは浦安を愛し市内に在住/勤務する各分野の識者・専門家を講師に招き、今被災の実状に焦点をあてながら今後の復興に向けた提言をしていただきます。また、参加者とともに住民目線での討議を行ない、今後の市民-行政の連携/協働による浦安復興の重要性と可能性を確認するとともに、それに向けた機運を盛りあげたいと思います。　多数のご参加をお待ちします。

日　時：2011年7月23日（土）　午後2:00~5:00
場　所：日の出２丁目　碧浜（みどりはま）自治会集会所
浦安市日の出2-14-2、日の出第１街区公園そば。駐車場はありません。
（新浦安駅　バス17系統　日の出保育園入口下車３分）

図7-1　2011年7月23日午後に開催された「浦安創生ネット」主催の市民セミナーの案内文。筆者も含む大学教授、建築士の方々が登壇し、活発な情報交換が行われた

につながった。

　その市民ネットの勉強会だが、第一回目は２０１１年７月の開催で、その内容は第一部として「３・11を知る……」、第二部は登壇者３名とコーディネーターの４者でのパネルディスカッションを行った。登壇者全員が市内在住・在勤者で、筆者もいかに迅速かつ確実に沈下修正を行うか、という内容に力点を置いた。

　次いで11月に「浦安復興を考える市民の集い～浦安市の液状化対策検討等を読み解く～」が開催され、１００人を超える参加者となった。その活動は、２０１４（平成26）年の公有地・民有地の一体的な液状化対策事業（正式名称：市街地液状化対策事業）の勉強会開催まで継続する。そこでは当事業に関する個々の事情や自治会単位のまとまりに差異が生じ、また採用された工法への決定プロセスへの異論も含め、全体交流はあえて避けられるようになった。

写真7-2　「浦安創生ネット」主催の「浦安復興を考える市民の集い～浦安市の液状化対策検討等を読み解く～」の光景（２０１１年７月）

3　ＮＰＯ浦安液状化復旧相談室

被災から10カ月後の２０１２（平成24）年1月、先の市民ネットに参画したメンバーを中心に「ＮＰＯ浦安液状化復旧相談室」が立ち上がる。それは情報交換に留まらず、沈下修正工事未着手の方々への具体の支援、そして沈下修正工事に伴うトラブル回避を目的とし、期間限定条件ながら法人格のＮＰＯ設立となった。代表は発起人のひとりである海洋系建設会社の役員経験者、副代表として筆者を含む2名の大学教授（土木、建築・都市計画）そして3名の女性を含む市民8名での構成である。そこで重点を置いたのが、沈下修正工事に関し住民の方々が安心できる修復工法の検討・選定アドバイスで、その内容は随時ＮＰＯのＨＰで発信された。

その最初の仕事が、市内に展開される全国から参集した沈下修正工事会社リストの作成である。液状化被害が発生した各自治会役員への確認も含め、インターネット上の情報も加えてメンバー相互に連絡を取り合い作成した。そして各社にアンケート表を送付し、連絡担当者、請負状況、市内での施工実績などの実態把握を行った。その作業に前掲の学生たちも協力した。

リストに挙げられ、回答に応じた沈下修正工事会社もしくは技術者集団は40近くを数えたが、未回答およびリスト外もあり、ＮＰＯで把握できた数は半数程度だったのかも知れない。一方でメンバー間での情報交換のなかで、家屋にダメージが発生するなどのトラブルもいくつか起きてきたことを確認した。

　同年2月にはＮＰＯ主催の「被災市民向けセミナー」が市内のホテルの会議場を借りて開催された。それには副代表であった地盤工学を専門とする大学教授、それに市の都市整備部長にも登壇いただいた。会場定員150人に対し、ほぼ満席だったと記憶する。セミナー終了後には机を並べ、事前に申し込みのあった被災した方々と対面で個別相談会を行った。またそれぞれが当日もしくは後日、被災家屋の調査や沈下修正工法のアドバイスに赴くなどの支援を行っている。

　その間に市内の沈下修正に参画された曳家職人や施工会社のリストをメンバー間で作成し、各社に呼びかけて「情報交換会」も開催した。そこでは事前に確認した沈下修正工事中および事後の課題も共有した。

　一方で、市の復旧支援金の枠内で沈下修正と地盤強化を謳う業者のチラシが配布されたのをメンバーで共有し、ＮＰＯのＨＰ上の「復旧相談室だより」に市民

写真7-3　ホテルの会場でのＮＰＯ浦安液状化復旧相談室主催セミナーの光景。会場は満席状態となった（2011年11月）

向けの注意喚起のお知らせを掲載した。そして第二回目のＮＰＯ主催のセミナー開催は５月になった。とにかく忙しい２年間となった。

その間の個別面談や電話、メール等での相談事例の項目をいくつか紹介する。

・これから沈下修正をしたいが、どうしたらいいかわからない。

・頼む業者を決めつつあるが、この業者で大丈夫か。またコストは妥当か。

・「沈下修正なしに、地盤強化を市と県の支援金だけでできます」と言う業者がいるが、液状化対策として有効か。また本当に支援金がもらえるか。

・業者と地盤強化工事の契約をしたがその後何の連絡もなく、しかもそもそもおかしいのではないかと気づいたので、契約を解除したいが受け付けてもらえない。

・隣の沈下修正で自分の家に上がった。

NPO浦安液状化復旧相談室だより No. 1 URAYASU SOUDAN

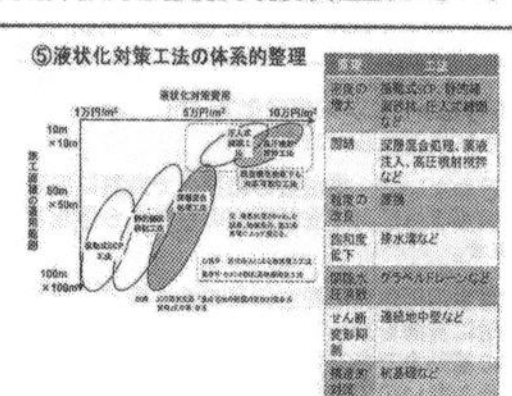

これまでに開発されてきた多くの液状化対策工法は、広い敷地に大型の構造物を建設する場合を対象にしています。そのため、個々の住宅のように狭い敷地で既設家屋直下も対応可能な工法は限られており、現時点では、圧入式締固め工法、高圧噴射撹拌工法が可能な工法とされています。その他、薬液注入工法でも可能性がありますが、その場合でも家の外周だけでは液状化対策にはならず、床から孔をあけて施工するなど、家の下の地盤全面に盤状に固める必要があり、現状ではいずれも5百万円～1千万円程度はかかります。

図7-2　ＮＰＯ浦安液状化復旧相談室だより No.１の一部（６ページ）

・これから薬液注入で沈下修正を行うが、隣に影響が出ないように注意することは？
・隣が薬液注入工法で工事を行うが、自分の家に影響はないか。
・隣が建て替え工事を行うに当たって、解体工事中および地盤改良工事によって自分の家に影響はないか。
・集合住宅の管理組合から「敷地内のライフラインの液状化対策」はどうすればよいか。
等々が寄せられた。[注30] これらもNPOのメンバーが悉く対応することとなった。

さて、NPO活動は大きな転機を迎える。市が「市街地一体化型液状化対策事業」の工法を決定したが、その工法選択経緯も含めてメンバーからも疑問の声も挙がり、以降は個人の判断で協力するか否かの選択となった。ちょうどその頃、NPO事務局のメール宛に裁判の「鑑定人」の依頼が飛び込んで来た。これは筆者への指名の形であったがゆえに、個人としてサポートを行うこととなった。これはあらためて第8章に解説する。

そこに、筆者宅の郵便受けに、地盤改良の効果をアピールする文言を記載されたチラシが入れられた。どうも市内の被災地域に一斉に投げ込まれたらしい。ほどなく仲間とも情報が共有され、すぐさまNPOのHPに次の内容を記載して注意喚起を促した。

「沈下修正工事に使われる薬液注入工法は、局所的に薬液を地盤内に押し込み（割裂注入）その注入圧で建物を押し上げる工法です。公益財団法人・地盤工学会・関東支部「造成宅地の耐震対策に関する研究委員会報告書―液状化から戸建て住宅を守るための手引き―（平成25年5月）」には、『割裂注入による沈下修正工事を行う場合などに地盤内に薬液を入れるが、そのような工事と液状化被害軽減工事との違いは区別しておくことが大切である。建物下全面に盤状にある厚さに地盤を固めると、液状化による建物のめり込み沈下を軽減し液状化対策となる。一方、沈下修正のために局所的に薬液を地盤内に押し込んでも、盤状にはならないため、薬液がない部分が液状化し、建物のめり込み沈下が発生する。』と記されています。つまり、割裂注入では液状化とその被害を防止することはできません。」

このNPOは当初から2年限定の活動としていたが、これも後述する「市街地一体化型対策事業」の採否を巡る議論のなかで、自らがその対象当事者となったことも含め、個々に所属自治会内で対応することととなった。筆者もNPO副代表として自治会説明会の際には支援の立場となったが、それも時間の経過の中で露と消えた。また代表の所属自治会は全員賛成を表明となったが、試験段階で地中障害物の存在が判明し、不採用となった。そのような経緯の中で、NPOのHPも静かに閉鎖された。

【注】

注30　出典：第2回「NPO浦安液状化復旧相談室」セミナー記録、2012年5月20日、NPO代表高階實雄氏作成資料

第8章　平成25年2月東京高等裁判所提出「鑑定書」から

東京湾岸地域の3・11地盤液状化被害は広範囲に及び、その復旧と並行して、それに関連する訴訟が起こされた。その争点の多くが、開発事業者に液状化を予測して地盤改良を行う義務があったか否かだが、いずれも住民側敗訴となった。ここに紹介するケースはそれとは異なる土地建物の売買にかかる案件で、原告からの依頼を受け、筆者は裁判鑑定人として奔走していた。だれもがそのリスクがあること、それも伝えたい。

内容は前章までの記載文言の繰り返しになるが、東京高等裁判所に提出した鑑定書をほぼ原文のまま掲載する。あらためて当時の状況を知る縁とされたい。

1　損害賠償等請求訴訟――平成25年1月東京地裁判決

マイホーム取得は人生最大の買い物とも言われるが、それがこの「液状化」で苦しい裁判へと移行する。本件は震災日を挟んでの売買契約、引っ越し、そして傾斜を知覚、計測、訴訟に至った例である。

地震翌日の3月12日、心配された買主が売主宅を訪問、「家はヒビが入ったり傷が付いたりすることはなく建物自体に問題ありません。建物の内部も全く問題ありません。周りの家は傾いた家はあるけど、うちは大丈夫だ。傾いていない」（地裁判決文より引用）との売主の弁を聞き、帰りがけに仲介会社にも再確認して帰宅し、その後の残金支払い引き渡しとなった。引っ越しは3月30日だったが、そこで何かおかしいと感じ、自らホームセンターで水準器を購入し、計測して傾斜を確認されたことに始まる。

弁護士への相談の後、売主と仲介会社双方に対し、買い戻しおよび損害賠償請求の提訴（訴訟）となる。２０１３（平成25）年1月東京地方裁判所第一審は敗訴となり、筆者に相談があったのはその直後、つまり東京高等裁判所への控訴を決断され、状況証拠を補強すべく第三者の「鑑定書」が求められる時機にあったと記憶する。筆者は現役の大学教授かつ一級建築士、案件の土地の近隣調査に加えてＮＰＯとして市内一円を対象に活動中の身ゆえの依頼らしい。

筆者としてはその訴えに心を揺さぶられ、お引き受けした。第一審の判決内容を要約して先に紹介する。

主文、「1．原告の請求をいずれも棄却する。2．訴訟費用は原告の負担とする。」との判決で、開示された解説には「⑴被告が3月12日に本件建物に傾きがないとの虚偽告知をしたとはいえない。⑵被告が3月12日以降3月20日までの間に本件傾きに気付くに至ったことを認めるに足りる証拠はない。⑶本件傾きを修復しないことにつき被告に帰責事由がない。⑷被告会社は本件建物の傾きの有無についての調査義務違反がない。よって、主文のとおり判決する。」との記載である。

筆者に求められたのは、判決理由の「傾きに気付くに至ったことを認めるに足りる証拠はない」に対する状況証拠、すなわち傾斜に気づかないまま10日間もの生活がありうるか、を提起するために、被災からの出来事と周辺被災状況の記憶を辿る地道な作業でもあった。

提出した「鑑定書」は一審を覆すには至らなかったが、結果として「和解」の糸口となったことは、依頼主から報告を受けた。なお、年号は西暦ではなく元号表記である。

2　平成25年2月東京高裁提出「鑑定書」

(1) 鑑定主文

判決に記載のある被告の主張を前提としても、被告およびその妻は平成23年3月11日から3月20日までの間に引渡し物件である家屋（本物件）の傾きに全く気が付いていなかったという主張は、傾斜1／100の状況下において生活を続けた状態の中で、私の知る範囲での日本建築学会等による過去の地震被害実態調査をもとにした人間の知覚にかかる資料、周囲の状況調査および被災住民の聞き取り等から見て、きわめて不自然で、認めることができない。

なお、被災当日の敷地周囲からの泥の噴出現象を認識しつつも、3月12日および翌日に、家屋の傾きを認識しなかったという点に関しては、被告の主張は認められるとしても、３月20日まで家屋にて居住継続していた間に、近隣において発生した傾斜にかかる情報、および当該家屋内における傾斜に起因する様々な事象に全く気付かなかったという主張は認められるものではなく、傾斜にかかる異常を察していたと考えるのが妥当、と鑑定する。

(2) 本物件調査

原告より依頼があり、平成25年1月19日に本物件の実地検証を行った。レーザー墨出し器を用いて測定した結果、１／１００の傾きが計測された。この結果は、平成23年4月５日の市による調査により本件建物の四つの隅について、垂直方向１２０㎝に対する水平方向のずれが、「１・０㎝、１・３㎝、１・０㎝、傾きなし、という結果を得た」に符合する。

被告は「本件建物がいつ傾いたかは不明」と主張されているが、液状化による建物の不等沈下は平成23年３月11日14時46分に発生した本震・震源地牡鹿半島東南東約１３０㎞沖合、マグニチュード（Mw）９・０、浦安市震度５強、および本震から40分近く経過した15時18分の茨城沖を震源地とするMw７・１、浦安市震度５弱の余震による液状化発生に伴うものであることが、専門家の調査によって判明している。その後、小さな余震は発生したものの、液状化現象は発生していない。そのため、３月12日から傾きが露呈した３月28日までの間、市内で液状化現象も土砂の噴出も認められていない。液状化した土砂の噴出後の圧密沈下はありうるとしても、これは均等に沈下する可能性が高く、傾きを伴う不等沈下には至らない。

なお、被災直後の3月12日から概ね20日頃までの間に周辺家屋の状況を確認した際も、並びの建物が複数棟にわたって傾斜していたことを目視している。とりわけ私は側面道路を通勤経路とし、「あのお家は傾いているよね」と家族にもその話をした経緯がある。本家屋の新築時の工事状況も観察しており、3月11日以前に傾斜していた事実も存在しない。よって本物件の傾きは東日本大震災同日に生じたものである。

(3) 鑑定理由

①傾きの体感

社団法人日本建築構造技術者協会関東甲信越支部JSCA・千葉（当時、現・一般社団法人）による平成23年3月18日、液状化による傾斜住宅の補修方法に係るホームページ掲載資料において、傾斜による建物倒壊にかかる値に加え、「3．傾斜住宅に住む弊害」として健康上被害に関する警鐘を鳴らしている。これによると傾き0・3／100で違和感を覚え、0・6／100で傾いていることを認識する、1／100で傾いていることを認識し苦痛を感じる、1・5／100では気分が悪くなるなど、健康に被害が起きる、とされている。このデータは建築学会等において過去の液状化被害等を発生せしめた地震、例えば阪神大震災（95年）や鳥取県西部地震（00年）、新潟県中越地震（04年）、新潟県中越沖地震（07年）などの被災傾斜家屋の各地元大学および公的機関の健康被害調査をもとにした学会論文から抽出されたもので、専門家の間では、それはある程度信用性のあるものと認識されている。今回の被災直後に近隣の調査も行ったが40件あまりのうち、傾斜0・7／100〜1・5／100の間に該当する家屋数7件が存在したが、10日間傾きを自覚しなかったという人は誰一人としていなかった。

一方で、その傾きの認識する時間は、被災当日よりはむしろ数日後に顕れるケースもあり、当日は被災体験の異常さから、傾斜したことも理解できないような興奮状態にあったと推察できる。しかし数日経て落ち着いてきた段階では、全員が傾斜を認識されていた。概ね2・0／100を超える傾斜の場合は、ほぼ同日に傾斜を認識し、JSCA・千葉のホームページ掲載資料とほぼ同じ症状に至ることを確認した。

以上のように、建物の傾斜を認識する時間には個人差があるが、それが生活を継続する数日間のうちに何らかの形で認識されている。その過程は、(1) 傾斜を知覚する能力、これには水平感覚をつかさどる器官の能力によるが、これには個人差があるものの、概ね1／100であれば数日以内には何らかの異常を見抜く力が備わっているはず、と鑑定した。

②生活体験からくる傾斜による異常現象の認識

これは後述する様々な現象を見ることで傾斜していることを疑い、確認していくものである、(3) 近隣からの情報、近所の方々やテレビなどで液状化にともなう家屋の傾斜情報が伝えられ、上記の現象発生に気付く、または疑い、確認作業に移行する、の大きく3つの過程を経て傾斜していることを知る。各自の傾斜確認はボール等の球体を転がす、DIYショップにて水準器等の傾斜測定器を購入する、などの方法が用いられている。私の場合、自宅において手持ちのゴルフボールを転がし、傾斜していることを確認したのち、レーザー式傾斜測定器を購入し計測を行った。それを用い、近所の被災者宅を計測したことから、口コミでその依頼が舞い込んできたことが、その町内の計測の始まりであった。

本物件建物内で傾きを体感したが、被告が主張している12日における状況が全て真実であったとしても、本物件内の傾斜は、そこで数日から1週間もの期間にわたって日常生活を継続すれば、通常の平衡感覚を有する人が傾きを体感しないということは到底あり得ない。繰り返しになるが、被災直後の混乱のなかで、当日ないし翌日までの間には傾斜を認識しなかったというケースが存在するが、その後の生活継続の中で判明し、10日間も認識しなかったというケースは皆無であった。

以上より、被告が3月11日から翌、翌々日時点で認識しなかったという主張については、異常な心理状態であったとすれば、あながち否定できるものとは言えないが、被告および家族が同一状況の中で、3月20日までの生活を継続する間に全く家屋の傾斜に疑念も持たなかった、もしくは知覚しなかったということはありえないと判断する。次に生活体験から由来する傾斜による異常現象の認識に至る過程を解説する。

③傾斜による家屋内の異常現象

1／100の傾きがあると日常生活で様々な異変現象が発生する。多くの傾斜被災家屋居住者に聞き取りによれば、居室・玄関等ドアの自動開閉も含む異常、冷蔵庫ドアの開閉時の感覚異常、カーテン・ブラインド等の傾き、台所における水の動きの異常、その他、椅子の立ち上がり時の感覚、就寝時の傾斜感覚など様々なものがある。

個々の傾きによる一般的な異常現象と当該家屋における状況は以下のように診断する。

（1）居室・玄関等ドアの自動開閉も含む異常

1／100とは傾斜1・0％、角度にして0・6度、ドア寸法が2ｍであると上端と下端で2㎝の差が生じる。一般的にはドアが重力によって自動に閉まる、開くといった現象が起きる。開き戸の場合ではヒンジ部のさびや締め付けがきつい場合に自動とならないケースがあるが、手動開閉時に重力による異常を感じる。

当該家屋を調査した限りは、1階引戸は開閉方向の傾斜は見られず、自動で開閉することはありえないが、開き戸においては明らかに重力による自動開閉状態にあった。10日近くの居住を継続する間に、玄関ドアやトイレ、居室などのすべてのドアの開閉がなかったことはありえず、居住者は何らかの形で異変を察知する機会があったはずである。

（2）冷蔵庫ドアの開閉時の感覚異常

家庭用冷蔵庫は一般的に開き戸タイプを使用し、キッチンの配置から推察するに冷蔵庫のドアには傾きが生じていたことになる。高さ180cmの冷蔵庫の場合、上端・下端で1・8cmの差異が生じる計算となる。被災直後は停電となるもすぐに復旧し、冷蔵庫は使用可能であった。居住している間に開き戸タイプの冷蔵庫を使用したことがあれば、その異常を感知しているはずである。被告らは震災により冷蔵庫を使う機会がなかったと主張されている。その事実の有無に関しては、判断する事柄ではないが、3月12日から20日までの間に一度でも冷蔵庫のドアを開閉していれば、その異常な動きを感じた可能性が高い。被災前から保存食品や飲料を収容し、被災後に車で食料や水を購入したという解説から、生活を続けながら一度も使わなかったということは到底考えられない。ガスが途絶しコンロの使えない状況下において、冷蔵庫こそが台所での重要なライフラインなのである。

（3）カーテン・ブラインド等の傾き

前述のように、高さ2mのテラスガラス窓の場合、上端・下端の差は2cmになる。1mの腰高窓の場合でも上端・下端の差は1cmになる。多くの被災家屋においては、その窓のカーテン・ブラインド等の傾きから傾斜を認識されている。当該家屋においても1階、2階の居室窓が複数あることから、認識された可能性は十分にある。

（4）台所における水の動きの異常

傾斜を確実に認識するのが、水を使う台所における水の動きである。水道は1か月近く使用不能だったが、市による水の配給または近所の水道管の破裂によって噴出する水の汲み取り、使用可能な公園の水道蛇口から給水ポリタンクへ貯水、ペットボトル飲用水の購入等で、生活に必要な水は確保されていた。

また下水道に関しては、当該家屋周辺は市より使用禁止とされたが、その禁止令が出されたのは被災から数日経過した後であった。一部の家屋は宅地内の下水管の破損により使用不能も、多くの家庭では下水使用が実際には継続されていた。またトイレの使用は控えたものの、台所で使用する少量の水は使用可能な状態であった。本物件においては、液状化による下水の詰まりの報告が無いとすれば、多少なりとも水を流すことは可能であったと推察でき、生活するうえで台所の水使用がゼロとは認められない。ガスは途絶したため、コンロの使用は無理であったが、携帯用ガスボンベや電力による調理は多くの家庭で継続されていた。

その点から判断するに、当該家屋においても生活継続のため、台所において水の使用が全く無かったと証明できる状況ではなく、水を使用したと推察できる。1%の傾斜で台所のシンクの長手方向に水が流れる状態にあり、また調理の鍋や食器その他の容器内の水の傾斜など、調理を行った者であれば、従来の傾斜の無い状態からは、明らかに異なる水の状態を認識しえたはずである。

（5）その他、椅子の立ち上がり時の感覚、就寝時の傾斜感覚

その他、傾斜にかかる生活上の異常は、椅子の立ち上がり時の感覚、就寝時の傾斜感覚など様々なものがあり、それが体調不良に結びついている。それを家族間でお互いに話すことに

よって、傾斜に対する懸念や認識を持ちうる。これまでに周辺調査の中で明らかになったことは、
i．働き盛りの男性は、日中は会社などにいるため、意外と傾斜を感じないことが多い。

ii．最初に傾斜に対する異常を感じるのは、多くは女性である。

iii．思春期の女の子はとりわけ敏感である。という点を指摘できる。

以上の点で、被告および家族が3月20日までの間に全く家屋の傾斜に疑念も持たなかったということはありえない、という傍証にはなりうるものとして提示する。

④周囲の建物傾斜の状況と近隣からの液状化にともなう傾斜情報

私に建物傾斜調査を依頼されてきた方は、多くが傾斜を体感し、異常を察知されたことがその理由であったが、前掲のように、その中には近所の建物が傾いたことで、自らの家が傾いたのではないか、と錯覚された方も存在する。調査の結果、傾きが無かった幸運なケースはあるものの、傾いた家屋が周囲にあればあるほど、その不安は募る。このように、地域全体が液状化現象の発生により住民は異常な心理状態にあり、何も建物に異変がなかったと被災直後に断定できる状況には無かったのである。

本物件の傾斜およびその周辺の建物に被災直後の目視で気づいたことは前述したが、とりわけ異常な傾きが見られたのは、当該家屋の南西側の道路を隔てた向かいの鉄筋コンクリート造

3階建てのアパートである。このアパートの沈下修正工事が始まったのは被災1か月近く経過した時点であり、3月20日までの間には向かいの本物件で生活を継続されたとあることから、その建物の傾斜には当然のことながら気付かれていたはずである。その建物から海側の旧堤防にいたる並びの複数の家屋は軒並み傾斜した。

そのような周辺状況から、自らの家屋に関しても、敷地周囲から噴き出した土砂の搬出を行った事実から鑑みて、何も無かったと断定するのは不自然極まりない。加えて、被災を契機として数日の間に、これまで付き合いの無かった近隣間も交流が密になり、被災情報交換、とりわけ液状化被害の実態およびその情報が共有されている。そして駅前広場内施設の液状化被害、周辺の家屋傾斜実態を目視する機会があったと考えるのは自然の流れであり、当該家屋においても3月20日までの間には近隣からの家屋傾斜にかかる情報入手があって、それが家庭内での会話の中であったと考えるのが自然であろう。

以上の①～③の理由により、被告およびその家族が本物件の傾きに気が付かなかったという仮定が成立するためには、当該家屋において通常の生活を継続していなかったこと、近隣の間での情報交換が全く無かったこと、家族間の近隣の被災状況にかかる会話が全く存在していなかったこと、が必要となる。よって3月11日から20日の間に家屋の傾きに気が付かなかったという仮定は合理的理由をもって否定される。

⑤補足

本物件の傾きは1／100であり、この傾斜の中で生活を継続し、それが2年近く経過した今も続くこと自体、異常な状態にある。この状態をこれ以上続けることは、居住者の健康上の被害やそれにかかる様々なマイナス要素も含め、液状化被災者支援に関わってきた専門家の立場からは看過できないと言わざるを得ない。速やかに沈下修正そして水平化工事を行われるべきものと判断する。

それに関し、一審の判決内容を精査したが、被災直後の本物件周辺の生活状況に関する事実認定に明らかな誤りがある。しかし、原告・被告側双方とも、東日本大震災によって発生した液状化被害に伴う家屋傾斜にかかる被災者と言っても良く、それが今も続いている。その意味では、正当な事実認定の上、裁判が収束し、速やかに救済策が講じられることを願う。

その鑑定書提出の際に鑑定人の経歴、本件に関連する活動実績等を添付した。それは巻末資料を参照されたい。

3　高裁敗訴・和解勧告

2014（平成26）年10月23日東京高等裁判所の決定は、「控訴棄却」になった。要は99・9％の原告の主張する虚偽の可能性があったとしても、100％でない限りは民事では認められない。つまり東京地裁判決が踏襲されたのである。

とは言え、鑑定書は採用され、「本件建物の傾きは人が傾いていることを認識するとされる程度に達するものであり、本件建物は、その傾きの為に、建物各所のドアや冷蔵庫のドアが勝手に動くような状態であったことに加え、本件建物が存在する○○○丁目周辺では電柱や塀が大きく傾いたり、建物が沈下、傾斜する被害が生じていたのであるから、被控訴人○○らは、東日本大震災後、本件を引き渡すまでの間に、本件建物の傾きを認識し得た可能性があり、○○教授の「鑑定書」（以下「本件意見書」）もこのことを指摘する」と判決文に記載された。一方で「建物の傾きを認識しながら、その事実を控訴人に対して告げなかった旨の控訴人の主張は採用することができない。」ほか、いくつかの前審の文言改訂は行われた。とは言え、控訴棄却である。

一方で判決前に控訴人、被控訴人双方の弁護士間で和解調停が進められ、沈下修正工事の実費相当額を被控訴人が負担する旨、合意に至ったことも補足する。そして２０１３（平成25）年11月に沈下修正工事が行われた。その間の裁判費用負担も含め、ご家族の方々の労苦は察して余りあるものがあるが、まずは水平化によって日常の生活がようやく始められたことを良しとしたい。

その意味では、控訴人、被控訴人ともに一般の市民であり、だれもが遭遇する可能性はゼロとは言えない。自然災害は、誰にも襲い掛かる危険を孕んでいる、注意するに越したことはないことを示した例でもある。また、たとえ小さな被災であっても、被災者にとってその記憶は生涯付きまとうことは間違いないだろう。

ちなみに上記鑑定作業もすべてボランティア活動の一環として行った。

第9章　さまざまな軋轢からの解放へ

震災から早13年近くを経過した。筆者らが目指したのは応急復旧に留まりつつも、一日も早く日常生活を取り戻すこと、可能ならば液状化被害の再発生を防ぐ手立てが講じられることであり、それが求められるべき復興の姿であった。その思いは行政側も被災者ともに共通のはずが、その過程で様々な齟齬が生じた。筆者は居住建築士として、不本意にも住民の立場から行政側と向き合わざるをえなかった。

その一つが、被災からわずか半年ほどの時期に突然発表された町内を対象とした地区計画制定、すなわち建て替えの際の建物の形態や用途などにかかるルールづくりで、これが復旧のさなかに持ちあがり、これを機に自治会の沈下修正復旧委員会が解散となった。

二つめが、将来的に液状化発生を抑制することをめざした「市街地液状化対策事業」だが、その説明会支援を続けつつも、不本意ながら断念へのプロセスを辿ってしまった。

そして三つ目が、液状化で移動した敷地境界杭すなわち境界線の再確定への道すじで、その間に様々な被災された方々からの相談が続いた。筆者もその被災当事者ゆえに、共感されるところがあったのだろう。

その意味で今後発生するであろう液状化被害の可能性のある地域にお住まいの方々、そして対応にあたる建築士や自治体職員の方々への教訓も含めて、この記録を敢えて開示する。尽力された行政担当の方々には申し訳ないが、被災者側の思いとして受け止めていただきたい。

1　復旧途上の地区計画騒動

(1) 派遣まちづくり専門家からの地区計画素案提示

被災からまだ半年後の10月、町内の多くは沈下修正のさなかにあった。そこに唐突な話を知る。週末に自治会集会所で市と自治会共催の「地区計画」制定に関する事前説明会を行うとの文面だった。自治会役員さんからの連絡では、市担当課は液状化復旧の部署とは異なるらしい。

地区計画とは、都市計画法に基づき地区の課題や特徴を踏まえ、地区の目指すべき将来像を設定し、その実現に向けて行政と住民が協働して「まちづくり」を進める手法である。「地区整備方針」を定め、それを実現するための「地区整備計画」つまり地域ルールとして道路・公園などの位置や建築物の形態や用途などを定める。それは建築基準法とも連携して、良好な都市環境の形成、増進を図る役割を担う。

筆者も制度の趣旨は理解し、実務で何地区か住民参加型まちづくりのなかでその適用を成し遂げた経緯もある。それが突然、しかも復旧さなかに……の思いであった。

事前説明会で中心となったのは、市からまちづくり専門家として派遣されたコンサルタントである。市の課長の挨拶から始まり、コンサルタントが淡々と説明する。提示された画像が、良好な住宅環境を担保することを目的……の説明、そして地区整備方針への言及の後に、地区整備計画案として①「敷地分割の禁止＝150㎡以上」、②「店舗・共同住宅は禁止」、③「高さは10m以内」、④「建物は隣地および道路境界から1・5m」とあった。④はどこかで使用したPPT画像の使いまわしか、即座に口頭で1mに訂正の後、「液状化被害を経験された方々にはお判りでしょうが、沈下修正のための作業空間確保の必要性も……」と続いた。

筆者の住む町内は1980年代、埋立開発初期の建売分譲住宅地で、宅地面積は戸建て住宅地としては比較的小ぶりな約150～160㎡規模である。用途地域は大半が第一種低層住居専用地域に指定され、文言の通りに用途制限・高さ制限10mがある一方で、筆者宅を含む1街区と隣街区の一部が、都市計画道路沿道20m範囲で第一種住居地域に指定されている。ここも住居の環境を守るべき地域だが、3000㎡までの店舗・事務所・ホテルの建築は可、容積率・建ぺい率制限も緩く、高さ制限等も無い。戸数バランスからみれば全戸数140に対し概ね20戸、圧倒的少数派である。規制が緩いせいか、開発後30余年経過する中で建て替えが最も多く進行し、3階建て住戸の比率も他の街区よりは高かった。筆者宅も前居住者がその環境変化を嫌い転居するとの話を現地立会の場で聞いた。

建て替え新築した自宅はそれを逆手にとって角地の利点を生かし、西側にまとまった庭を確保して樹木を配し、その方向に建物主開口を設けた。当時としては目新しい「環境共生住宅」を標榜し、窓もペアガラスを用い、太陽光発電や太陽熱温水、雨水貯留・浸透、西日除けの簾を取りつけ、そして海風を取り込む仕掛けなどを採り入れた。竣工の翌1998年の千葉県建築文化賞（環境）を受賞し、『日経アーキテクチュア』誌にも掲載された。翌年には当時としては先進的なテレビ番組「素敵な宇宙船地球号」（テレビ朝日）の「特集・エコ住宅に住みたい」（2000年5月7日放送）にも採り上げられ、冒頭のタイトルバック映像を飾ったという自負も持つ。(注71)

それが新たな地区計画案では、壁面位置が規定違反となり、既存不適格建築物の烙印を押される。コンサルタントは新規の建築物から適用されると解説するが、仮に増築や再地震で大規模修繕ともなれば、建築許可は難航する。

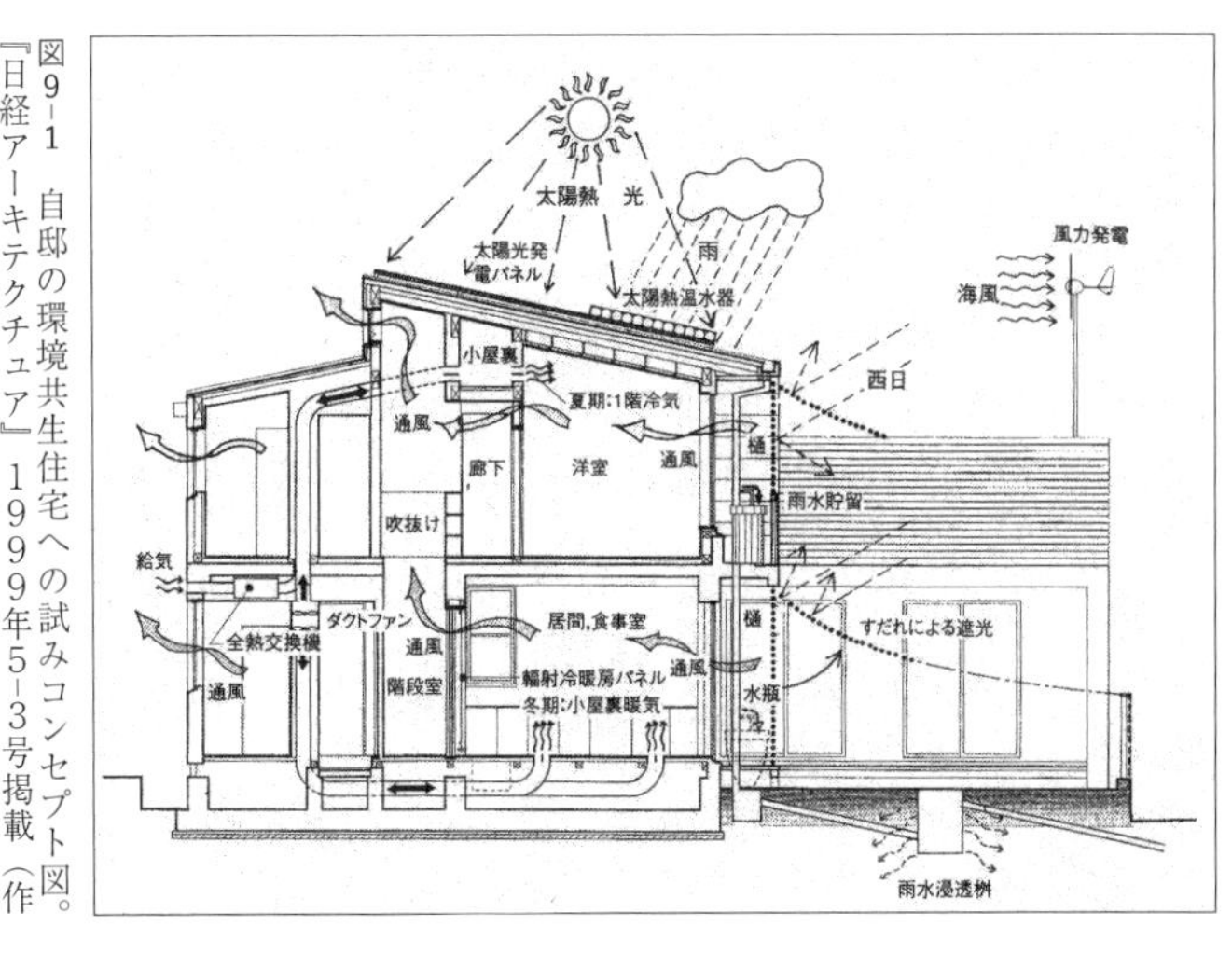

図9-1 自邸の環境共生住宅への試みコンセプト図。『日経アーキテクチュア』1999年5-3号掲載（作成・アプル総合計画事務所）

まして液状化による傾斜復旧の際も、狭い隣地境界部分をお互いに越境を認め合うことを約束し、まずは筆者宅から、次いで隣家と水平化工事をいち早く実現した。それを隣地境界には最低○m空けないと……との話には唖然としたが、すでに多くの住戸が沈下修正を終了したことも調べていないらしい。原案には既存建物救済条項の記載も無く、それが自治会総会で決するとの話には大いなる違和感を受けた。

説明会の場で、筆者は2つの用途地域指定地区にあわせて、A・B地区に分割して規制内容を再確認することを意見したが、町内単位はひとつの内容でまとめるべきと一蹴された。あらためて近隣調査を開始すると、全140戸のうちすでに建て替えられた戸数は30%を超え、その大半が既存不適格建築物に該当し、また建て替えせずとも部分増築やカーポート増設なども行われ、その烙印を押される戸数割合は約40%に上った。

翌1月には臨時総会を開催して決議という段取りとのことらしい。

(2) 地区計画案の修正動議

筆者は市役所に赴き、担当課職員そして課長にあらためて疑問点を指摘した。既存不適格建築物の救済条項は追加との返答を得たが、あくまで住民の総意に委ねるのが行政の立場という。帰宅後、自治会長に臨時総会の延期を申し出るが、日程は変えられないとの返答である。

そこで被災直後の傾斜調査に関わった縁もあり、建て替えされて明らかに既存不適格建築物に該当するお宅を訪れ、半年前に閲覧した設計図書を再確認のうえ、状況説明を行った。該当の方々も総会での反対の意思を固められたようだ。その中には弁護士さん宅が2軒含まれていた。

総会前日に筆者宅に弁護士さん2名を含め何名か集まり、対応策を協議したが、結論は多数決の横暴による財産権侵害に当たり、それの取り消し請求訴訟も辞さず、つまり裁判所への提訴の準備となった。総会時の録音やビデオ録画などの証拠も有効との助言もあり、当日の録音または撮影の役割分担にまで話は及んだ。

その内容を自治会長に電話で伝えた結果、困惑の表情で急ぎ筆者宅に来られ、一同で顔を合わせることとなった。みな近所の間柄で、液状化で傾いたお宅の面々でもある。しばらくの沈黙の後、自治会長からは、あえて住民間で対立することは避けたいとの思いからか、自らが形態制限の項目削除の修正動議を当日ながら提案するとの大英断となった。まずは一同で相談し、当日の録音・録画の件は取り下げることとした。

しかし総会の場では、寝耳に水の自治会長からの緊急動議提出で、総会の雰囲気は一変した。数年前から派遣コンサルタントとともに規制強化案を作成してきた委員からは当然のことながら反論もあったが、最終的にその修正動議が承認となった。

（3）地区計画の決定

自治会臨時総会決議の結果は市担当課に伝えられ、その内容に沿った形で行政手続きに移行する。そして都市計画決定が総会から1年後の２０１２（平成24）年10月のこと、その内容は市ＨＰに公開された。

筆者らも争点にはしなかった部分が、建物用途制限と共同住宅の規制である。これは説明会の参加者から、「お店が出来ると不特定多数のどんな人が来るかわからない、不安だ」「アパートが建てられると、住民の入れ替わりが多く、自治会に入らない人も少なくない」「ゴミ出しルールが守られない」等々の賛同意見が続出したが、筆者らも敢えて沈黙を守り通した。

臨時総会の後、筆者は自治会の液状化復旧委員会を辞することを申し出て、当該委員会は解散となった。ある意味で被災住民間に分断の記憶が残ったような気がする。役員さんからは「まだ傾いたお宅も何軒も残っているのに……」と嘆く声もあったが、「新たに設立されたＮＰＯに活動拠点を移すだけで、いつでも相談に乗りますよ」と返事したことを鮮明に憶えている。

公開された地区計画の地区整備計画には、次の内容が記載がされていた。

1．建築物の用途に関する制限として、次に掲げる建築物以外の建築物は建築してはならない。①1戸建ての住宅、②兼用住宅（建築基準法施行令第１３０条の3に規定する兼用住宅をいう。）、③診療所・診療所併用住宅、④2戸の長屋建て住宅で前各号の建物からなるもの、⑤公益上必要な建築物で、市長が街区及び周辺の環境保全に支障がないと特に認めたもの。

2．建築物の敷地の面積の最低限度150平方メートル。ただし、現時点で（地区計画施行日に）150平方メートル未満の場合、現時点での敷地面積を最低限度とする。また、公益上必要な建築物は、この限りではない。

これで一件落着となったはずが、地区内に二戸一賃貸住宅が建つこととなり、町内の方からあらためて「説明会で禁止とされた共同住宅ではないでしょうか」との相談を受けた。着工前の工事会社のあいさつ回りで知ったとの由、筆者なりに調べてみると前記④の長屋建て住宅に該当し、建築許可が下りたらしい。長屋建て住宅とは2戸以上の住宅で、それぞれの玄関が外部に直接面し、共有部がなく直接出入りできるものを指すと規定されていた。

その建物は着工・完成となり、若い子連れの2世帯が入居され、ほどなくその家族に新しいお子さんも誕生したとも聞いた。その意味では歓迎できる話だが、相談された建築士の立場からも、法律用語の難解さをあらためて知る。

2　市街地液状化対策事業——費用対効果、合意形成の課題

(1)　市街地液状化対策事業とは

すでに簡単に解説したが、復興交付金を活用した「市街地液状化対策事業」は震災から2年を経た2013（平成25）年からスタートした。市内の適用対象は被災面積3・7ha、約9千

戸（世帯数1万2千戸＝タウンハウスやアパート等の共同住宅を含む）に及び各自治会単位での説明会は週末の人の集まりやすい時間帯で幾度も開催され、その度に大勢の住民が指定会場に集まった。その出席率は関心度の高さを物語る。筆者の自治会説明会には新自治会長からの要請もあり、建築士兼ＮＰＯメンバーとして参加することとなった。事前にＮＰＯ仲間との会合を重ね、市側の説明内容については把握していた。

その「市街地液状化対策事業」の予備的検討は被災4カ月後の２０１１（平成23）年7月に市役所内に「浦安市液状化対策技術検討調査委員会」の形で土木学会、地盤工学会、日本建築学会の3学会の合同委員会が立ち上がり、12年3月から「液状化対策実現可能性技術検討委員会」（～15年2月）へと引き継がれていく。[注31] その間に様々な工法が比較検討され、最後に2つの方法に絞り込まれ、実地試験を経て「格子状地中壁工法」が選択されている。

後者の実現可能性技術検討委員会のさなかの13年4月には市内を対象にした「市街地液状化対策事業（格子状改良工法）」の市全体を対象とした説明会が実施され、それは各自治会単位での説明会へと移行した（～14年3月）。そこで公開された資料には、適用条件として3点、⑴事業規模が概ね１００宅地程度のまとまりが望ましい、⑵住民負担は概ね１００万円～２００万円程度、⑶個別勉強会の立ち上げにあたっては2街区以上で少なくとも公共道路が1本以上含まれる地区であること、と示された。

当自治会に対する説明会は幾度も行われたが、市担当者からの説明は前掲の技術検討委員会資料の内容に終始した感があった。住民からの質問や意見は、例を挙げれば、連続地中壁が将来にわたって存在し続けることへの不安、それは建て替えの際の支障物件になるのではないか、その帰属先や管理体制など、様々だったと記憶する。すべてを市担当者が回答できるものではなく、建て替えに際しての質問は筆者の知識の範囲でフォローしたつもりではある。市の担当者の面々は職務とはいえ、こんな説明会を毎週末に繰り返してきた労苦は並大抵のものではないこともその場で推察した。

その説明会が一段落した段階で、行政からの要請を受けた当自治会は、２０１４（平成26）年1月には住民アンケートを実施し、いち早く調査対象区域に名乗りを上げた。必ずしも全員の賛成には至らなかったが、大多数が次なる被災を避けるべく賛同されたことを示していた。筆者も当該年度の自治会役員から声掛けされた意味も含めて、その実施に向けての協力を行う立場とした。

具体の調査への移行は14年11月となった。時期は委員会の最終結論が導き出された時点と重なる。市内の調査対象戸数は被災家屋数の約45%、14丁目にまたがる16地区、計４１０３戸と発表された。被災家屋の半数以下に留まった理由は、格子状地中壁工法への決定プロセスへの疑問を表明する人もあり、また自治会加入率の低い町内などでは住民合意に至らなかったようだ。これには費用対効果の面での信頼度、そして各戸にもそれなりの経済的負担も伴うことなど、様々な理由があったとされる。

格子状地中壁工法とは、道路の中心線と宅地背割り線、境界線とを結び各宅地を囲む形で地中の砂地盤を高圧噴射の機材を用いて固化させ、幅60~120cmの柱を連続壁状に地中概ね10~12m深まで構築して地盤を拘束することで、再液状化を抑制する仕組みである。その範囲は街区および数街区にわたる拡がりとされた。道路の部分は公共負担、宅地内は個々の土地所有者負担となり、そこに国の復興支援の仕組みも加わり、戸当たりの負担は200万円程度に抑えられるという説明が加えられた。

参考までに、同じような液状化被害の生じた県内他市町のいくつかの地区では、「地下水位低下工法」が選択され、地中の排水管やポンプが設置され、その後の維持管理経費の負担が継続されている。地下水位を低下させることで表面地盤を厚くし、液状化で噴出する確率を軽減する方法と筆者なりに理解した。

当市の場合は、その工法が実験で試され、地盤沈下リスクから回避されたらしい。昭和の高度経済成長時代、都内の工

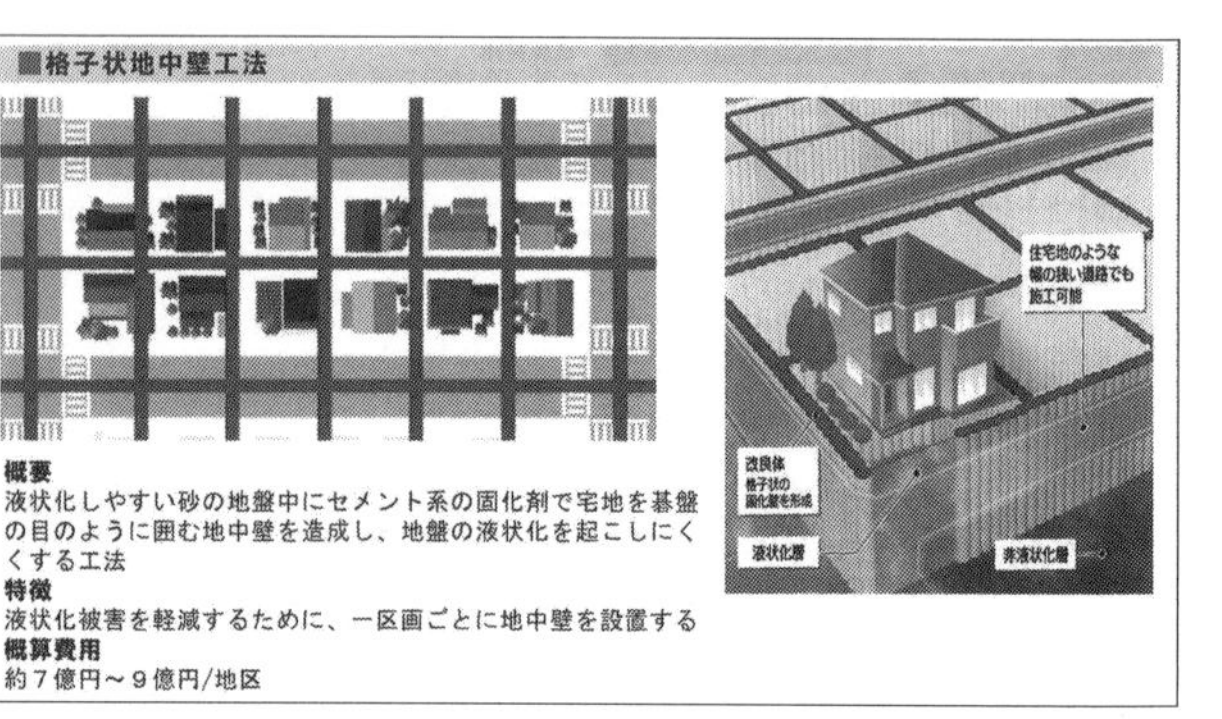

図9-2　市の広報に公表された「道路と宅地の一体的な液状化対策工法＝格子状地中壁工法」解説図（出典：広報うらやす・2013年1月31日発行）

場地帯の地下水や天然ガスの汲み上げの影響で、旧市街地の地盤が最大２ｍも沈下した自治体ならではの判断と理解した。

その決定プロセスに対する疑問の声も各所の説明会、そしてＳＮＳ上で展開されていく。

（２）市街地液状化対策事業の採否の判断

調査同意地区の詳細調査は町内各所の道路内ボーリング調査から始められた。その結果を受け、専門のコンサルタントによる宅地や道路の測量や埋設物調査、個々の街区・宅地への適用工法の選定、積算などきめ細かい実に膨大な作業が行われたことは、概ね2年間の沈黙の後に行われた戸別面談の際に手渡された資料からも伺い知れた。とは言え、その中間段階での情報開示も一切なく、しびれを切らせて建て替えを決意したり、個々に家屋基礎下の杭工法や地盤補強工事を選択する事例も増えていった。

その戸別面談の直前だったが、あらためて市が新たに決定した「液状化対策事業計画作成事業」の適用条件が発表された。提示された条件は「１００戸程度以上を一つの事業区域とし、その区域内のすべての権利者の合意が必要である」とあった。国の定めた事業要件では、「３０００平方メートル以上で10戸以上、３分の2以上の合意が必要」が、事業主体の市からの条件提示は異なった。その発表を境に自治会内の議論は潰え去った。町内では個別対策済みと主張される方もあり、また被災前からの空家も含め何名かの不同意は避けられない前提で、自治会役員の方々とはその負担をどうシェアするか、という議論の真っ最中だった。そこで全員同意となれば、その検討も中座と観念した。

暫くして市から郵送で各戸の負担金額の提示資料手渡しの日程連絡2015年12月1日19時〜21時が届いた。指定場所に赴き、個別の負担額と工事説明資料が渡される。その時間帯も仕事の関係でウィークディの夜、肌寒い日だった。

待合室で暫く待ち、呼ばれて席に着くと、市役所の担当職員のほかに数名立ち合いのもとに本人確認を経て分厚い封筒を受け取った。自宅に帰りその資料を開封すると、詳細な格子状改良壁の位置や工事費積算資料と分担金の明細と施工計画書、そして封入されたのが同意か不同意かの確認書と返信用封筒に他ならなかった。

筆者宅の返答内容は不開示とするが、その後も自治会役員や個々の方々からも筆者に様々な相談が寄せられた。当初から100%同意の条件が付与されていれば諦観していたはずで、これまでの努力は何だったのか、との意見に終始した。

結果として市内で実施されたのは1自治会1地区、33戸と公表された。それは当該事業のための調査受け入れ戸数に対し1%にも満たない値（約0・8%）に留まった。その地中連続壁の工事は2019（平成31）年2月から12月にかけて行われている。

とは言え、それに要した行政職員や専門コンサルタントの労力は膨大なもので、その受け入れに奔走した各自治会役員の方々の努力も水泡に帰したような気がする。その作業成果は筆者宅の資料と同等のものが対象戸数分にのぼるうえ、全体の報告書作成には想像もつかない数の人員と日数を要したものだろう。

あらためて市ＨＰに開示された委員会概要報告書を確認すると、市から発注された建設コンサルタントのもとに地質調査の専門会社、市街地液状化対策事業特定設計施工共同企業体の実施体制表が読み取れる。その報告書に並行して学識専門家等を交えた委員会が開催されたとあり、その成果として調査に賛同された市内16地区の詳細な地盤調査概要が掲示されていた。公開された資料こそ、地盤工学の精鋭の方々が苦心のすえにまとめ上げた貴重な資料で、この多くが不採用に帰したことは残念と言わざるを得ない。

参考までに開示資料から読み取ると、筆者の住む自治会（１４０戸）の範囲の道路と宅地の連続地中壁工法の総事業費は２４６６億円、うち宅地部分が７７３億円、これを戸数割で計算すれば５５０万円／戸、これに補助

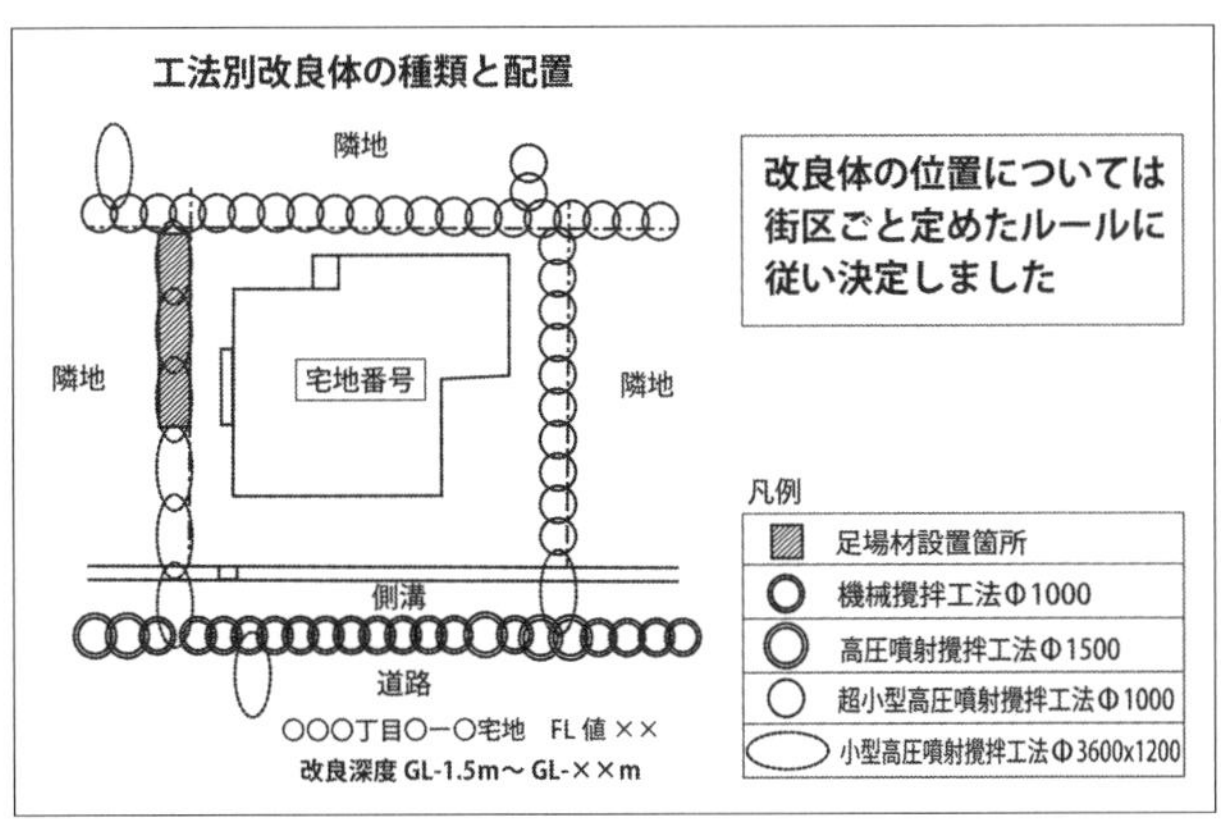

図９-３　標準的な「格子状地中壁工法」施工計画解説図（浦安市作成、２０１５年11月受領資料をもとに筆者トレース、簡略化した）

金等を充当して戸当たり負担金額２００万円台となる。これは筆者宅に提示された金額に相当する。工事期間は概ね12カ月と示されていた。

(3) 液状化「防止」ではなく「抑制または軽減」へ

その間、筆者なりに納得したのが、いずれの工法を選択するとしても、「液状化を完全に防ぐ工法ではなく、発生確率を抑える」との見解である。筆者の勤務していた大学の地盤工学を専門とする研究室でも様々な液状化の発生率の軽減方策を模索していたらしい。つまり、「防止」ではなく、あくまで「抑制または軽減」なのである。

被災直後の沈下家屋所有者からすれば、一刻も早い水平化すなわち沈下修正と、次なる液状化への何らかの対策を期待するのは当然である。筆者宅もいち早く沈下修正を行ったひとりだが、今も安価に事前の対策が施せるに越したことはないと願い続けている。しかし逆に2年近くの情報断絶という冷却期間と１００％同意の新たな条件提示が、その一時の熱い思いを打ち消した。やはりその時間が、復旧しやすい建物基礎を選択することが賢明と諭してくれたのだろう。

そんなことを考えていた矢先、友人の建築士から相談が舞い込んだ。戸建て木造住宅の設計中で、べた基礎の下部にもう一枚のコンクリート盤を設置し、そこにジャッキや発泡樹脂剤を注入できるような仕組みを考えているが、アドバイスが欲しいとのこと。筆者なりの回答は、事前の準備に越したことはないが、液状化の発生確率と費用対効果の点で、工事費の余裕があれば採用される分には構わない。しかし沈下修正工事を経験して、砂地盤でも十分なジャッキアップに必要な地耐力確保は可能であること、仮に再液状化しても、単純な形の基礎形状であれば、同じように復旧するだけの技術は備わっていること、などを解説した。そのためには底盤コンクリート基礎も含めて頑丈な建物とされることを勧めておいた。

見方を変えれば、沖積平野部に都市や集落を築いてきた地震大国のわが国では、過去の液状化被害の復旧技術の蓄積があったがゆえに、今回の被災でもいち早く復旧を成し遂げることができた。また固化剤注入などの新たな技術を試す機会になったはずだ。次なる液状化被害発生の際には、この経験を積んだ技術者の方々を頼りにすることもできる。このような技術の伝承こそが、次なる被災に活かされることになるのだろう。

3　移動した敷地境界の確定への行程

(1)　液状化で移動した敷地境界杭

一番厄介な相談が、民々の用地境界杭の移動の話である。今回の液状化被災地一帯は1970年代以降の埋立市街地で、戸建て住宅地の場合は民間開発事業者による土地または建売分譲等で街区割も整然としていた。その区画も、一部の敷地が「液状化」によって微妙に変形した。

筆者に相談のあった例を紹介する。そのお宅は矩形の街区、南面・北面道路に並ぶ戸建て住宅街にある。その街区の境界杭だが、住戸の日照・通風等を考慮してか南北の戸数割が異なり、各敷地の背割り線上には3点の境界杭が存在した。それらは一直線のはずが、中央に「く」の字状の微妙なずれを生じた。原因としては、地盤液状化による砂泥噴出の際の移動、または当該部分で沈下修正の孔掘り埋戻土の転圧不良が考えられるが、隣家の建て替えの際の杭打設などの影響も無いとも言えない。「これも予定される市の用地境界画定作業の際に、当初の区画割測量図に基づき是正されるでしょう」と安直に回答した。また復旧支援の際に各所でその境界杭の移動らしき痕跡も確認した。その移動は数cmから最大30cm規模だったと記憶する。

ほどなくして、市による液状化被災区域の用地境界画定作業開始との朗報が届いた。市HPを閲覧すると、用地境界画定作業は被災翌年の2012（平成24）年から道路災害復旧工事の進捗を勘案しながら、筆数の少ないマンション群などの大規模街区から着手され、戸建て住宅地区は16（平成28）年度から始められた。しかしその作業の根拠となる要綱が制定され、その施行日は19（令和元）年10月8日と附則に記載されている。これも前掲の市街地一体化型液状化対策事業の適用可否の騒動が影響したのかも知れない。

(2) 行政による用地境界画定作業

用地確定作業は正式には「地籍調査事業」の名称で、国土調査法（昭和26年6月1日法律第

180号）に基づいて実施された。その根拠法を確認すると、自治事務として市町村等の地方公共団体が中心となって実施され、旧来の測定誤差の多い「公図」から、現代技術の粋を活かした正確な「地籍図」に移行することで、都市計画の実施や災害復旧の際のトラブルを回避することが目的とあった。もとはと言えば、古くは大化の改新（645年）の班田収授法、豊臣秀吉の太閤検地（1582年〜）に遡り、明治期の1873（明治6）年の地租改正条例に引き継がれ、土地台帳と「公図」が整備されてきた。

その公図もいまでは正確な「地籍図」に移行し、その作成調査は市町村に課され、土地の所有者、地番、地目、境界の位置と面積の画定を経て、登記簿記載事項が修正され、地図が更新される、とある。市町村が実施の場合、その必要経費の1／2は国、1／4は都道府県が補助し、市町村や都道府県の負担経費は80％が特別交付税措置の対象となり、実質的には5％の負担で実施することが可能という。[注33] つまり復興交付金を用いる作業ではないことは確認できた。そしてこの作業は液状化被災を受けなかった地区も含めて全市域を対象に行われるが、被災区域が特別な扱いのなかで先行していることも知る。

あらためて地籍調査のプロセスをそのHPから引用すると、

①地籍予備調査＝地籍本調査実施前の事前調査であり、市が提示する境界復元案に対する土地所有者への意向確認のことをいう

②地籍本調査＝地籍予備調査にて、同意が得られた地区を対象に行う事業で、法に基づいて実

施される国土調査をいう

③境界復元案＝液状化被害により筆界が不明確となった土地を対象に、法務局に保管されている図面等——公図及び地積測量図等を根拠とし、市が作成する筆界案をいう

④案に対する意向確認＝同意・不同意

⑤登記完了通知の手続きを踏む、

とある。(注34)

液状化に伴う民々の境界杭移動は、市から委託された専門会社の測量調査で確認され、開発当初の測量図をもとに補正されると期待されたはずが、予備調査から本調査に移行しない地区・街区がそれなりの割合で発生した。提示された用地確定案では、民々のずれた境界杭には触らない、つまり移動した境界を元に戻す作業ではなく、不足した面積相当分を道路の一部を当該敷地に編入するとの決まりとなっていた。これに疑問を抱いた方々が〆切日までに同意しなかった結果なのだろう。

あらためて公開された境界復元方針には、次のように記載されていた。

(1)民有地は、地籍調査事業着手時点における登記簿面積の確保を基本とする。

(2)地籍調査事業着手前に各筆が有していた建築要件（道路の4m幅員や、2m接道、角地緩和等）については、それぞれ確保できるよう境界復元案を作成する。

(3)境界復元案は、可能な限り現在の塀などの構造物や工作物に合致するよう作成する。

(4)現況の移動レベルの程度が大きく、街区単位の復元が難しい場合には、地区単位で土地の移動を考慮し、境界復元案を作成するものとする。この場合においては、個別に法務局と協議を行うものとする。

(5)地籍本調査への移行可否については街区単位で判断することを基本とし、単一街区内の全ての土地所有者の同意が得られた街区については、地籍本調査に移行する。(注34)

(3) 各戸への用地境界画定位置提示から確定へ

相談されたお宅に提示されたのは案の定、境界杭移動は不問で、敷地面積減相応分の道路を一部提供する旨の回答で、現地を確認すると、わずか10㎝足らずだが、道路内に食い込んだ仮境界位置の+字マークが確認できた。「法務局に保管されている図面等――公図及び地積測量図等を根拠とし」の文言は何だったのか。この前提となれば、建築確認の際に記載される前面道路幅員が縮小となり、向かいの家屋の道路斜線の原点が移動する、との疑問も湧いた。まして天下の公道を民地に編入するには、議会承認も含めた公平な手続きのもとで行う必要がある。

その点を行政担当に確認するも、そのプロセスはすでに議会承認を得ているとの由、行政は民々の移動した境界杭には触らないとの方針があらかじめ定められていたとの回答に終始した。しかも街区内で一名でも不同意者がいると、その街区は不同意街区となる決まりとされていた。

そのお宅には、市から委託された測量会社が何度も訪問し再測量も行われたが、決定が変わることはなかった。筆者も気になり、市HP上に公表された予備調査完了区域図を確認したが、各所で虫食い状に不同意街区が散見された。なかには町丁目の面積ベースで半分近くが不同意となった地区も確認できた。

この予備調査結果は本調査に反映され、行政手続きを経て、法務局にて土地台帳や地籍図が差し替えられるが、この不同意街区と同意街区の併存が気にはなった。その個々の同意、不同意の情報非開示は当然だが、残された不同意の街区はどうなるのか。その点は気掛かりだが、民法の規定で10年経過すればそれが固定化されるはずとみる。ということは旧来の開発分譲時の地籍図と現況測量図との食い違い状態が続き、土地の相続や売買の際には地籍図○○㎡、現況測量図○○㎡と異なる値で敷地形状も微妙な差異が残るのだろう。

あらためて2023(令和5)年10月末に市HPを閲覧すると、市内の用地境界画定の進捗状況公開(同年9月更新データ)では、戸数では48%[注35]、全数終了までにはそれなりの時間を要することも推測しうる。しかし予備調査での不同意街区はその対象戸数からも外れるらしい。本調査で不同意となると「筆界未定」の登記となり、そして「筆界未定」の不利益について「分筆などができない。売買や抵当権の設定が難しくなる可能性がある。相続人に問題を先送りにすると、更に解決が困難となる」と記載されていた。

市内の液状化発生履歴地区を歩くと、各所に傾いたままの門柱や塀、低い宅地擁壁にもその痕跡が残り、かつ道路内に打ち込まれた新たな金属製の仮境界鋲や本境界鋲を見つけることができた。これこそ表層地面が動いたことを物語る証拠である。とはいえ、その鋲の打たれていない街区も併存する。

詰まるところ、液状化被災区域の用地確定作業では、①予備調査・本調査同意で地籍図・登記簿差し替え（境界移動確定）または据え置き（移動なし）、②予備調査同意・本調査不同意は「筆界未定」、③予備調査不同意は地籍図と現状不一致、この3つに区分されたことになる。

この話は2020年以降のコロナ・パンデミック禍に重なり、住民説明会も開催できず、紙の書類で同意・不同意の判断を2度も繰り返してきた。行政担当者と被災者の間にどのようなやり取りがあったのかも、個人の財産に関わる部位ゆえに非公開である。せめて国土調査法の精神に立ち返って、

写真9-1　市内で見つけた道路内にはみ出す形で打ち込まれた新しい地籍予備調査筆界。これも別の色の正式筆界鋲に置き換えられた

不同意街区を無くす努力も願うが、よく考えれば、この用地境界画定作業は震災復興とは別枠で、液状化被災区域が優先的に行われている。とすれば、時間の経過のなかで解消されていくことも期待できるのかも知れない。

あの液状化被災から13年を経過した。世代交代や転居に伴う住民の入れ替わりも進み、建て替えられる家屋も増えつつある。いずれ液状化被災の痕跡は消える宿命にあるのだろう。とは言え、時を経たいまも、その記憶は私ども被災者の脳裏の片隅に残り続けるし、その経緯は次の世代にまで受け渡していくべきではないだろうか。そこに、あえて建築士かつ被災者の立場からの記録を残すこととした理由がある。

【注】

注31　テレビ朝日系「素敵な宇宙船地球号」は1997年の地球温暖化に関する京都議定書会議の年にスタートした全国放送テレビ番組。2009年まで12年間、計590回放映。「特集・エコ住宅に住みたい」は2000年5月7日（日）・23：35～24：05放送、当日はほかの番組延長のため、35分遅れて放送開始となった。

注32　「浦安市液状化対策技術検討調査委員会」2011年7月～12年2月、「液状化対策実現可能性技術検討委員会」（12年3月～15年2月）

注33　明治期からの我が国における土地をめぐる状況の変化と土地政策の変遷。出典：『土地白書』（令和4年版）第一部第2章、国土交通省HP

注34　浦安市地籍調査事業。出典：浦安市地籍調査事業概要・地籍調査事業リーフレット（2022年8月2日版）

注35　出典：浦安市HP、2023年9月更新

あとがき

あの日の広範な東京湾岸埋立市街地を襲った地盤液状化の被災から13年を経過した。この文を推敲するいまも、市内の何処かで液状化によって変形した宅地の確定作業が続く。その復旧・復興へのみちが、こんなに永きにわたることを、誰が予想しえたであろうか？　これが「液状化」被害なのである。

この書はひとりの建築士の体験そして見分してきたものを書き留めた記録集、つまりこの被災からの復旧物語だが、次なる大きな地震の際に起こり得るであろう液状化への備え、そして心構え、そして復旧の際の参考になることも願う。この原稿の校正待ちの間、２０２４年1月1日に発生した令和6年能登半島地震は震源地近くで震度7を記録し、液状化被害の発生は震源地近くの石川県内から近県の富山、新潟にまで及んだ。

遅きに失した感はあるが、当該地震の被災および復旧・復興を目指す方々へ、そして今後発生するであろう新たな地震の液状化への備えとなることも願う。やはり歴史が示すように、「液状化」は繰り返すのである。

被災直後は様々な雑誌等の投稿を依頼され、それに応えてきた。ある時からその発信を控えたが、それは世の中の関心が失せたことだけではない。被災当事者としての、いち早く平穏な生活に浸りたい、記憶を消し去りたいという思い、これに尽きるかも知れない。

筆者の調査および復旧対応や裁判支援のピークは3年半に及び、市街地液状化対策事業を正式に断念したのが2016年春、その間に筆者自らが主宰する事務所と大学教授として授業・演習そして学生の指導、その他学内会議等々（2005～17）、その間に3学部5学科の教員を束ねる大学院理工学研究科建設工学専攻の副主任（2年間）、専攻主任（同）も兼務した。復旧支援活動は休日に限定とし、記録はもっぱら夜の作業となった。それが落ち着くのは移動した境界が確定する2023年春となった。

被災直後の市内各所で開催された勉強会や会合に参加し、情報交換を行ってきた。そこでは、「本格復興ではなく復旧を急ぐべし」との弁を貫いてきた。都市防災の専門家筋の方からは、液状化対策を蔑ろにして水平化に奔走した建築士、と見做されたことは想像に難くない。

また地盤工学の分野も未勉強ななかで、このような記述を残すことには一種の戸惑いもあったが、あの当時記録してきたメモ書きはなるべく尊重する形とした。

そして当初期待した市街地一体化型液状化対策事業が不採用に至ったことはまことに残念だが、建て替えが進む住宅市街地のなかで、推奨された連続地中壁工法が実現していればどうなっていただろうか。多くの被災者の期待ゆえに、調査設計に長い時間を要した。それが重要な冷却期間となったのかも知れない。これは次なる再液状化発生の際に確認できる事柄なのだろう。

そのなかで浦安市は、国、県の力を借りて、地盤工学の専門家の方々の協力を得ながら、詳細な液状化被災の記録そしてその対策への道程を重ねてきた。その資料は膨大な人手と時間を重ねた成果にほかならず、今後の液状化対策を考えるうえでの貴重な蓄積となったことは間違いない。公開資料は本文中に何度か引用させていただいた。また最終章には行政側への厳しいコメントも加えたが、これもご容赦いただきたい。そして道路等のインフラ施設復旧に際し、最大限の液状化対策が施されていることも誇りに思いたい。これらに尽力された行政職員の方々には厚く御礼申し上げたい。

被災家屋の復旧支援のための期間限定のNPOは消滅となったが、代表者を務められた高階實雄さんの献身的な努力の姿はいまも目に焼き付いている。とりわけ、市街地一体型液状化対策事業には積極的に取り組まれ、お住まいの町内では全戸の同意に至ったはずが、前述の理由で施工には至らなかった。これも残念に違いない。

加えてNPO副代表をともに引き受けて頂き市外から何度も地元に足を運んでいただいた安田進先生（当時・東京電機大学教授、現・名誉教授）からは様々な知識をいただいた。この場を借りて謝意を表したい。

その他、NPOの一員としてともに活動した仲間の方々に加え、市内各地で復旧支援に勤しみ、情報交換を行ってきた方々、被災直後に様々な文献や論文のコピーを送付された友人、諸先輩方そして事務所の仲間や大学の同僚からの励ましも大きな力となった。そして被災年当時に芝浦工業大学中野研究室に所属し、地元の復旧支援に協力してくれた学生諸君の存在も忘れることはない。

あわせて本文には記載していないが、筆者宅の復旧すなわち沈下修正工事をいち早く施工された株式会社恩田組の方々、とりわけ被災直後の面談そして翌日の現地確認、施工法の確認へといち早く進められ、現場および周辺にて様々な知見を頂いた恩田忠彌会長（当時、現・名誉会長）、恩田徹道専務（当時、現・代表取締役）両氏には感謝の言葉しかない。第6章の図6-1「小規模家屋の液状化修復工法一覧」の作図は同社HP上の業務紹介・沈下修正工事の項を参考に作図できたこと、その間の会話はまさに縁の下の力持ち、当時最新の免震工法等々の学習機会ともなり、その後の実務の中でも生かされたこと、それもここに表記する。

最後に、この間の活動を陰で支えてくれた妻・裕子及び家族にも感謝したい。本書の出版に手を差し伸べていただいた花伝社の平田勝代表、そして編集部長の佐藤恭介さん、装丁の北田雄一郎さんほかご一同の方々にも御礼申し上げたい。本書が液状化対策や事後の復旧・復興の一助とならんことも願う。

2024年1月

著者記す

巻末資料１　被災年活動備忘録（自治会名は非公開のため○○○表記）

〈２０１１（平成23）年〉

3月11日（金）東日本大震災、当日大学構内に帰宅困難者となる。

12日（土）帰宅、計測用器具をＤＩＹショップにて購入、自宅の傾斜測定。概ね33／１０００とかなりの勾配も、傾斜以外の建物損傷被害なし。電力は復旧。

13日（日）近所の方より調査依頼続出。自宅被災復旧は家族任せとなる。調査は計20棟に及ぶ。知人より○○地区に調査依頼（避難勧告家屋の安全性確認）。夜から、沈下修正工法、基礎補強工法をインターネット検索、知り合いに連絡し、関連資料入手依頼。

14日（月）〜資料入手、沈下修正工法・地盤補強工法研究。電話にて、各社ヒアリング開始。阪神・淡路大震災（１９９５）、鳥取県西部地震（２０００）、芸予地震（２００１）、新潟県中越地震（２００４）、福岡県西方沖地震（２００５）、新潟県中越沖地震、能登半島沖地震（２００７）等の液状化被災状況とその復旧レポート入手。傾斜生活と健康被害についての資料に愕然。自宅施工会社に電話連絡し、被災状況説明、沈下修正会社検索を依頼。

15日（火）耐圧盤工法（１社）にいくつかの案で見積依頼（電話・メール）。

18日（水）自宅に近隣からの傾斜による建物構造上の不安相談が寄せられる。夜、懐中電灯・調査道具持参で調査、精神的なケアが重点。以後、数軒自宅訪問。

26日（日）深夜「○○○内建物の傾き状況およびその回復工法について」をまとめる。

自治会勉強会で講師役「東日本大震災の被災・○○○内建物の傾き状況およびその回復

工法について」。資料1「○○○内建物の傾き状況およびその回復工法について」、資料2「傾斜調査図」説明。

数日後、資料1を回覧板にて全戸配布、市役所OBのN氏を経由し建築関連部局へ、資料WEB公開。沈下状況調査はさらに依頼続出、概ね50棟を数える。

夕方・薬液注入工法沈下修正工事会社が自宅訪問、1週間で見積書FAX送信される。極めて高額につきこの工法断念。

27日（月）自宅工事会社より工法手順の説明書（耐圧盤工法）。

28日（火）沈下修正工事（耐圧盤工法）会社訪問、会長と面談。

30日（木）都市ガス応急復旧。

4月2日（土）「街人の広場」日経BP社の取材、写真撮影。「○○○内建物の傾き状況およびその回復工法についてV2」改訂版ウェブ公開。

翌週より、近隣自治会の復旧勉強会へ。

3日（日）上水道応急復旧、太陽熱温水器にて給湯可能となる。

4日（月）大学研究室にて協力者募集。以降ほぼ毎週末は調査へ。

自宅沈下修正工法と充填剤を決定、地盤改良工法は断念。

6日（水）沈下修正工事発注、耐圧盤設置は7か所と最終決定、工事見積金額変更なし。充填工法は発泡コンクリート（エアーモルタル）。

11日（月）下水道応急復旧。

13日（水）工事着手～1カ月間を予定（並行して斫り等の準備工事）。

近隣で最初の水平化工事（揚げ舞い工法）

『日経アーキテクチュア』2011／4／22号掲載、反響きわめて大。

14日（木）被災ゴミ回収開始（市役所）。

24日（日）自治会第二回勉強会「湾岸埋立地の次なる自然災害への備え、そして今回の震災被害の回復にむけて」。

29日（休）○○地区1軒調査、アドバイス。

5月1日（日）テレビ局取材。翌日全国放送。市役所罹災証明審査開始。

2日（月）水平化完了。～9日充填完了、～23日外構・配管等工事完了。

4日（水）○○地区戸建1軒調査、アドバイス。

6月26日（日）自治会第三回勉強会「東日本大震災・住宅傾斜問題対策委員会勉強会・沈下復旧および今後の課題」。

7月16日（土）都市環境デザイン会議総会・シンポジウム「復興の景観デザインマネジメント」、パネルディスカッション登壇。

23日（土）浦安創生ネット主催「浦安在住の識者・専門家と考える復興市民セミナー、第1部　3・11を知る」講師。

26日（火）東京土建一般労働組合・地域で仕事確保産業対策活動者会議のセミナー「3・11東日本大震災・地盤液状化被害からの復興」講師。

30日（土）浦安街人の広場「東日本大震災液状化被からの回復シリーズその3　浦安市における地盤の液状化被害、修復その後　Ｐａｒｔ２」

10月27日（木）自治会回覧板にて「まちづくり素案＝地区計画・地区整備計画案」が配布される。

29日（土）自治会会長・まちづくり委員会委員長宛に「地区計画」意見書提出。

11月27日（土）浦安創生ネット主催「浦安復興を考える市民の集い～浦安市の液状化対策検討等を読み解く～」登壇。

12月3日（土）　うらやす市民大学「被災体験をうらやすのまちづくりに活かす・専門家の目で見た液状化被害とまちづくり対策」講師。

28日（日）　市内民間マンション管理組合相談。


〈2012（平成24）年〉


1月11日（水）　東京都地域住宅生産者協議会技術講習会「震災時における住宅の液状化対策」講師。

20日（日）　市内民間マンション管理組合の方より電話相談。

29日（日）　自治会臨時総会（地区計画）。

市内民間マンション管理組合・震災復旧説明会「地盤液状化被害からの教訓」。

2月2日（木）　NPOとして被災者相談。

4日（土）　市内民間マンション管理組合相談。

8日（水）　『日経アーキテクチュア』誌取材、2012年3月10日号掲載。

11日（土）　○○地区戸建て住宅復旧支援（工事経過確認）。

12日（日）　NPO浦安液状化復旧相談室主催「これから家屋沈下修正する方のための専門家による実践セミナー」講師。新浦安ブライトンホテルにて。

13日（月）〜14日（火）　大学総合研究発表会。研究室の学生6名が浦安市内の復旧・復興をテーマに研究。

15日（水）〜16日（木）　大学修士論文発表会。研究室の学生2名が浦安市内の復旧・復興をテーマに研究。
・住民組織による復旧活動の活性化要因に関する調査研究―千葉県浦安市を対象として―（修士論文）
・入船○○○地区戸建住宅の築30年超物件の沈下修正を通してまちの復旧を提案（修士論

文）

28日（火）新聞社（全国紙）取材。

3月1日（木）液状化にかかる海外からの視察団に同行、案内役。

10日（土）テレビ局取材（自宅にて）。

11日（日）浦安市主催「うらやす震災復興祈念のつどい」（会場・新浦安駅前広場）。ＮＰＯとして「液状化対策相談会」。

19日（月）大学学位記授与式、謝恩会。研究室学生たちに謝意を伝える。

巻末資料２　液状化被災直後の雑誌等投稿・インタビュー

・『日経アーキテクチュア』２０１１年４月22日号「東日本大震災　７ｍ以内の地盤対策は効かず　千葉・浦安で露呈した埋立地液状化リスク」、P.61-63 取材記事・写真提供、日経ＢＰ社
・『東日本大震災の教訓［住宅編］震災に強い家』２０１１年６月９日、日経ホームビルダー（編集）、「【提言】第７部　専門家が提唱する「目指すべき防災住宅の姿」都市計画：液状化する家に向き合え」、日経ＢＰ社
・『東日本大震災の教訓［都市・建築編］覆る建築の常識』２０１１年６月16日、日経アーキテクチュア（編集）、日経ＢＰ社
・「地盤改良は急がず、まずは液状化による家の沈下修正から」『建築ジャーナル』２０１１年12月号、「特集・今から手を打て！　戸建住宅液状化対策」、P.10-13、企業組合建築ジャーナル
・「液状化現象からの戸建て住宅地の復旧への取り組みについて」『住宅』２０１２年５月号、「特集／東日

本大震災による住まいへの影響と課題」P.19-25、一般社団法人日本住宅協会
・「動き出す被災地　東京湾岸液状化被災地、浦安の現状報告」『建築雑誌』vol.１１２７、№.１６３７、２０１２年10月号、「東日本大震災・連続ルポ１」、P.002-003、日本建築学会
・『日経ホームビルダー』２０１１年６月号「災害に立ち向かう住まいとは？　インフラ断絶にどう備える」取材協力、日経ＢＰ社
・『日経アーキテクチュア』２０１２年３月10日号「浦安、相次ぐ液状化訴訟、沈下修正で二次的被害発生」取材協力、日経ＢＰ社
ほか、その他新聞取材多数。

巻末資料３　引用文献・参考文献

・若松加寿江『そこで液状化が起きる理由（わけ）被害の実態と土地条件から探る』２０１８年３月10日、東京大学出版会
・若松加寿江『日本の液状化履歴マップ　７４５―２００８』２０１１年３月19日、東京大学出版会
・風岡修、楡井久、香村一夫、楠田隆、三田村宗樹「特集＝液状化・流動化」『アーバンクボタ』№.40、MARCH、２００３、株式会社クボタ
・一般財団法人日本住宅基礎鉄筋工業会『推奨基礎仕様マニュアル　ベタ基礎編』２０２２年版
・大崎順彦『地震と建築』岩波新書、１９８３年８月22日、岩波書店
・国土交通省住宅局建築指導課（監修）『図解　建築法規２０１１年度版』２０１１年２月28日、新日本法規出版

・「阪神大震災の教訓」『日経アーキテクチュア』１９９５年３月31日号、日経ＢＰ社
・『基礎工』Vol.35、No.８、２００７、ＮＰＯ住宅地盤品質協会
・最新軟弱地盤ハンドブック編集委員会（編）『土木・建築技術者のための最新軟弱地盤ハンドブック』１９８１年１月１日、建設産業調査会
・ベターリビングつくば建築試験研究センター（編）『建築物のための改良地盤の設計及び品質管理指針』２０１８年11月30日、日本建築センター
・日本建築学会（編）『建築基礎のための地盤改良設計指針案』２００６年11月20日、日本建築学会
・日本建築学会（編）『小規模建築物基礎設計指針』２００８年２月１日、日本建築学会
・岡二三生『地盤液状化の科学』２００１年７年15日、近未来社
・安田進『液状化の調査から対策工まで』１９８８年11月１日、鹿島出版会
・平朝彦『地震ジャーナル』58、２０１４年12月「砂が噴き出し家が傾いた！」、公益財団法人地震予知総合研究振興会
・平朝彦ほか27名「論説・ボーリングコアのX線ＣＴスキャン解析による東北地方太平洋沖地震における地盤液状化層の同定：浦安市舞浜３丁目コア試料の例」『地質学雑誌』２０１２年、１１８巻７号、pp.410-418
・内橋克人（編）『大震災のなかで――私たちは何をすべきか』２０１１年６月21日、岩波新書
・中山高樹「３・11から１年、浦安・液状化被害との戦い」『ＵＥＤレポート』２０１２年夏号（第９号）、一般財団法人日本開発構想研究所
・浦安市『ドキュメント東日本大震災　浦安のまち液状化の記録』２０１２年８月31日、ぎょうせい
・世鳥アスカ『明日、地震がやってくる！』２０１４年３月10日、ＫＡＤＯＫＡＷＡ／エンターブレイン
・名取二三江『液状化の町から（季刊文科コレクション）』２０１４年６月14日、鳥影社

・時松孝次・東畑郁生・安田進ほか「特集・地盤の液状化対策の最前線——調査・設計・施工と検証への取組み」『月刊基礎工』574号、2021年5月、株式会社総合土木研究所
・岡本敏郎「最近の地盤改良・補強工法——種類と利用材料」平成25年度研究成果報告会資料、2013年8月6日、東京理科大学総合研究機構
・吉見吉昭『地盤と建築構造のはなし』（はなしシリーズ）2006年5月15日、技報堂出版
・吉見吉昭、福武毅芳『地盤液状化の物理と評価・対策技術』2005年10月17日、技報堂出版
・吉見吉昭『砂地盤の液状化（第2版）』（土木基礎シリーズ）1991年5月24日、技報堂出版
・奥村樹郎「わが国における軟弱地盤改良工の歴史的展開」『地盤と建設』Vol.17、No.1、1999年、土質工学会中国支部論文報告集
・一般社団法人日本建築構造技術者協会関東甲信越支部（JSCA千葉）「液状化被害の補修例と発生している諸問題」2013年9月4日
・一般社団法人日本建築構造技術者協会（JSCA千葉）「液状化による傾斜住宅の補修方法」2011年3月18日
・国立研究開発法人防災科学技術研究所自然災害情報室防災科学技術研究ライブラリー、防災基礎講座「災害はどこでどのように起きているか」
・日本建築学会住まいまちづくり支援建築会議情報事業部会「液状化被害の事例——復旧・復興支援WG」「液状化被害の基礎知識」2011年8月19日
・日本建築学会「わが家の地震対策」セミナー企画・編集委員会、市民のための耐震工学講座パンフレット、1995年
・一般財団法人日本建築防災協会小規模建築物の液状化対策タスクグループ「住まいの液状化被害で困らないために」パンフレット、2022年2月

・地盤工学会「新潟県中越沖地震災害調査報告書」２００９年
・地盤工学会「《特集》地盤災害と復旧・土と基礎」地盤工学会会誌編集委員会編、２０１１年11月
・地盤工学会関東支部造成宅地の耐震対策に関する研究委員会「液状化した戸建て住宅の復旧方法の種類と特徴（素案）」、２０１１年８月７日
・地盤工学会関東支部造成宅地の耐震対策に関する研究委員会「造成宅地の耐震対策に関する研究委員会報告書——液状化から戸建て住宅を守るための手引き」２０１３年５月
・住まいの液状化対策研究会（編著）「Q＆Aで知る住まいの液状化対策」２０１５年６月16日、創樹社
・『日経ホームビルダー』２００８年４月号「特集　地盤調査に「不服あり」　調査・補強・保証の疑問を解消」、日経ＢＰ社
・浦安市液状化対策技術検討調査委員会「平成23年度浦安市液状化対策技術検討調査報告書」２０１２年
・浦安市「浦安市復興計画〜すべての力を結集し、再生・創生を〜」２０１２年３月
・浦安市「地下水位低下工法の実証実験の結果報告」２０１３年６月
・浦安市「市の施設を利用した液状化対策工法の実証実験成果報告」２０１３年６月
・浦安市「浦安市地震防災基礎調査報告書・概要報告版」、２００５年３月、作成：浦安市総務部防災課、調査委託：国際航業株式会社
・国土交通省都市局「宅地の液状化被害可能性判定に係る技術指針」２０１３年
・安田進「宅地および道路、ライフラインの被害の特徴と対策方法」地盤工学会関東支部第10回大会特別セッション、２０１３年
・安田進「東日本大震災による関東地域の液状化被害」『地盤工学会誌』Vol.61、No.５、２０１３年、公益社団法人地盤工学会
・安田進「鳥取県西部地震による団地の被害」『日本建築学会総合論文誌』第２号、２００４年

・安田進ほか3名「２００７中越沖地震による宅地の液状化被害と地盤調査結果」『第43回地盤工学研究発表会発表講演集』№.８８１、２００８年
・安田進、原田健二「東京湾岸における液状化」『地盤工学会誌』Vol.59、№.７２０１２、公益社団法人地盤工学会
・安田進ほか3名「東北地方太平洋沖地震における千葉県の被害」『地盤工学ジャーナル』２０１１年7巻1号、公益社団法人地盤工学会
・山本平ほか5名「浦安市地下水位低下工法実証実験及び事前解析検討について（その１：実験概要）」土木学会第68回年次学術講演会、２０１３年9月
・千野和彦ほか5名「浦安市地下水位低下工法実証実験及び事前解析検討について（その２：事前浸透流解析）」土木学会第68回年次学術講演会、２０１３年9月
・石原雅規、独立行政法人土木研究所・地質・地盤研究グループ「東日本大震災報告会～震災から2年を経て～地盤の液状化判定の高度化に向けた取組み」２０１３年3月19日
・大橋征幹、国土技術政策総合研究所都市研究部都市計画研究室「液状化被災住宅地の復旧に向けた国総研の技術支援」２０１３年7月6日
・石綿しげ子「東京湾北部沿岸域の沖積層と堆積環境」『第四紀研究』第43巻04号、２００４年8月、国立研究開発法人科学技術振興機構
・遠藤邦彦、石綿しげ子ほか2名「東京低地と沖積層――軟弱地盤の形成と縄文海進」『地学雑誌』１２２巻6号、２０１３年、公益社団法人東京地学協会
・小松原純子「東京低地の沖積層」『ＧＳＪ地質ニュース』Vol.10、№.７、２０２１年7月、産業技術総合研究所地質調査総合センター
・久保純子「東京低地における歴史時代の地形や水域の変遷」『地学雑誌』紀要論文81、１９９９年、公益

社団法人東京地学協会編集委員会
・京川裕之ほか3名「東北地方太平洋沖地震による浦安市埋立地盤の液状化被害調査」『地盤工学ジャーナル』２０１２年7巻1号、公益社団法人地盤工学会
・大森弘「軟弱地盤における設計・施工事例――タンク基礎（間隙水圧低下による地盤強化対策）」『基礎工』Vol.18、No.12、１９８８
・諏訪靖二ほか4名「液状化対策のための地下水位低下工法による実施例」第10回地盤改良シンポジウム論文集、２０１２年
・樋口茂生ほか11名「〔講演要旨〕現代生成層―災害との関わりの補遺―」『歴史地震』第31号、２０１６年
・平河内毅ほか4名「概説高輪築堤」港区教育委員会、２０２２４年3月
・野澤伸一郎、藤原寅士良「東京駅丸の内駅舎に使われた木杭の耐久性」『土木学会論文集（地圏工学）』Vol.72、No.４、２０１６
・金井彦三郎「東京停車場建築工事報告」『土木学会誌』第1巻第1号、１９１５年
・鈴木理生「江戸の都市計画に学ぶ」『ＩＳＬＡ／イスラ・人類の時空を考える超領域文化誌』No.１、空間の文化技術、1991 winter
・佐藤富男、若松加寿江「過去の地震における液状化による人的被害」『土木学会地震工学論文集』Vol.27、１９９１
・秋田県「日本海中部地震の記録・被害状況と応急対策」１９８３年12月
・藤村尚、坂口雅範「鳥取県西部地震における液状化被害」『第26回地震工学研究発表会講演論文集』２００１年8月
・橋本隆雄、安田進「鳥取県西部地震における液状化被害と地下水位の関係」『土木学会第57回年次学術講

演会講演概要集』２００２年
・東日本大震災合同調査報告書編集委員会『東日本大震災合同調査報告書・共通編１　地震地震動』丸善出版、２０１４年４月
・東日本大震災合同調査報告書編集委員会『東日本大震災合同調査報告書・共通編３　地盤被害』丸善出版、２０１４年３月
・東京都建築物液状化対策検討委員会、東京都「東京都建築物液状化対策検討委員会報告（案）」２０１３年２月８日

中野恒明（なかの・つねあき）

芝浦工業大学名誉教授／㈱アプル総合計画事務所・代表取締役、東京建築士会中央支部・支部長。

1951年山口県生まれ。74年東京大学工学部都市工学科卒業、槇総合計画事務所を経て、84年アプル総合計画事務所設立、2005～17年芝浦工業大学理工学部教授（環境システム学科）。専門は都市デザイン、都市計画から建築設計、景観設計まで幅広く実践活動を行う。代表的な作品・業務に、門司港レトロ地区まちづくり、皇居周辺道路景観整備、新宿モア街歩行者環境整備、葛飾柴又帝釈天参道周辺街並みデザイナー派遣、横浜みなとみらい21新港地区景観計画、横浜山下町地区KAAT・NHK街区施設建築物設計および都市デザイン調整など。

主な著書に『都市環境デザインのすすめ』（学芸出版社）、『まちの賑わいをとりもどす――ポスト近代都市計画としての「都市デザイン」』『水辺の賑わいをとりもどす――世界のウォーターフロントに見る水辺空間革命』（花伝社）、共著に『建築・まちなみ景観の創造』（技報堂出版）、『まちづくりがわかる本――浦安のまちを読む』（彰国社）、『日本の都市環境デザイン（1／2／3）造景双書』（責任編集、建築資料研究社）、『都市をつくりかえるしくみ』（彰国社）、『別冊環ジェイン・ジェイコブズの世界 1916-2006』（藤原書店）など。

その他、過去に在京ＴＶ６局新タワー（東京スカイツリー）候補地選定委員会委員・幹事長、同ネーミング選定委員、都市環境デザイン会議・代表幹事、墨田区景観審議会会長を歴任。東京大学工学部・同まちづくり大学院、東京藝術大学、日本大学、九州工業大学などの非常勤講師等。

「液状化」はまた起こる
――3.11東京湾岸液状化・被災建築士の復旧記録

2024年３月11日　　初版第１刷発行

著者 ―― 中野恒明
発行者 ― 平田　勝
発行 ―― 花伝社
発売 ―― 共栄書房
〒101-0065　東京都千代田区西神田2-5-11出版輸送ビル2F
電話　03-3263-3813
FAX　03-3239-8272
E-mail　info@kadensha.net
URL　https://www.kadensha.net
振替 ―― 00140-6-59661
装幀 ―― 北田雄一郎
印刷・製本 ― 中央精版印刷株式会社

ISBN978-4-7634-2106-7 C0051